实变函数

徐君祥　编著

东南大学出版社
SOUTHEAST UNIVERSITY PRESS
·南京·

内 容 提 要

　　本书包含集合的基本概念、欧氏空间 $\mathbb{R}^n$ 中的点集、Lebesgue 测度、可测函数、Lebesgue 积分、微分与不定积分和附录等 7 章。通过将实变函数中的问题与微积分内容联系起来，让学生明白书中所有问题都有来源和出处，从而激发他们学习的动力和兴趣；介绍了与实变函数有关的学科领域，让学生了解实变函数的应用；书中还配备了一些插图，尽可能将抽象的概念和定理转化为直观有形的事物，特别是对内容之间的联系尽可能从多个方面给予说明和解释。另外，本书配备了较多的习题，分成基本题和难题两部分。作为教学基本要求，只要求学生完成基本题部分；难题部分供机动使用，鼓励有能力和有时间的一些学生去研究。

　　本书注重从理论体系上说明一些重要概念和定理的关系以及一些内容之间的联系，希望学生能从完整的理论体系高度来理解和把握实变函数的基本内容。本书可以作为数学系本科生实变函数课程的教材，也可作为其他理工科研究生的教材或参考书。

图书在版编目(CIP)数据

　　实变函数 / 徐君祥编著. — 南京：东南大学出版社，2019.12
　　ISBN　978-7-5641-8620-3

　　Ⅰ.①实⋯　Ⅱ.①徐⋯　Ⅲ.①实变函数-高等学校-教材　Ⅳ.①O174.1

　　中国版本图书馆 CIP 数据核字(2019)第 256894 号

实变函数　Shibian Hanshu

编　　著	徐君祥
出版发行	东南大学出版社
社　　址	南京市四牌楼 2 号(邮编：210096)
出 版 人	江建中
责任编辑	吉雄飞(025-83793169，597172750@qq.com)
经　　销	全国各地新华书店
印　　刷	兴化印刷有限责任公司
开　　本	700mm×1000mm　1/16
印　　张	9.75
字　　数	191 千字
版　　次	2019 年 12 月第 1 版
印　　次	2019 年 12 月第 1 次印刷
书　　号	ISBN　978-7-5641-8620-3
定　　价	30.00 元

本社图书若有印装质量问题，请直接与营销部联系，电话：025-83791830。

前　言

实变函数是一门重要的数学基础理论课程,是许多数学学科,如泛函分析、调和分析、变分理论、微分方程理论等学科的基础,也是现代数学十分重要的内容之一.

实变函数历来是大学数学专业本科生学习较困难的课程之一.它的概念抽象,定理深奥,而习题多为证明题,解题思路难寻规律且技巧性强,初学时往往觉得难以入手.实变函数的内容不像微积分那样直观、容易理解,因此学生不容易体会到学习这门课程的目的,从而缺乏学习的动力和兴趣.针对东南大学这样一所工科为主的学校,编者根据多年来教学经验和体会,编写了这本《实变函数》教材,其中也融入了编者对实变函数的一些理解和体会.希望通过这本教材,能帮助学生更好地学习和理解实变函数的基本理论.

本教材试图从以下几个方面来解决问题.首先,通过把实变函数中的问题与微积分内容联系起来,让学生明白书中所有问题都有来源和出处,从而激发他们学习的动力和兴趣;介绍了与实变函数有关的学科领域,让学生了解实变函数的应用.其次,尽量利用几何直观来解释概念和定理.本书中配备了一些插图,尽可能将抽象的概念和定理转化为直观有形的事物,特别是对内容之间的联系尽可能从多个方面给予说明和解释.另外,本书配备了较多的习题,并分成 A 组(基本题)和 B 组(难题)两部分.作为教学基本要求,只要求学生完成基本题部分;难题部分供机动使用,鼓励有能力和有时间的学生去研究.本教材注重从理论体系上说明一些重要概念和定理的关系以及一些内容之间的联系,希望学生能从完整的理论体系高度来理解和把握实变函数的基本内容,而不是简单地记忆概念和定理.

在编写这本教材的过程中,编者参考了国内外一些著名的教材资料,如程其襄等编的《实变函数与泛函分析基础》,周民强编著的《实变函数论》等,感谢这些教材给予的启发和帮助.同时,编者还要感谢东南大学数学学院的领导和同事的关心和支持,感谢江其保、张福保、薛星美等老师许多有益的讨论和宝贵的建议.

限于编者知识水平,书中难免有一些不足和错误,恳请读者批评和指正.

编　者

2019 年 7 月于南京

目　录

1 集合的基本概念

集合是数学的基本概念,是实变函数理论的基础.这里我们仅仅介绍集合论的一些基本概念和性质,为学习实变函数作准备;关于集合论方面的系统知识,可以参考有关集合论的专著.集合论是研究集合各种性质的学科,由德国数学家康托(Cantor)在19世纪80年代创立,它是一个独立的数学学科分支,对数学理论的发展有重要的影响和作用.

1.1 集合与子集合

1) 集合

集合是一类具有某些属性或特征的事物的全体.所谓某些属性或特征的事物,是指对任意一个事物,我们总能判断它是否在这类事物中,或者说是否在这个集合中.例如,大于等于60岁的人的全体就是一个集合,因为对任意一个人,总可以通过年龄来确定他是否在这一类人中.但是所有老人的全体就不是一个集合,因为这是一个模糊的范围,它没有明确的年龄限制,我们无法确定一个人是否为老人.又如,所有正整数是一个集合,所有有理数是一个集合,所有实数也是一个集合.

严格地讲,集合是一个不能给出定义的数学概念.上述说法只是对集合给出了一个朴素的描述方法,而这种说法对于学习和理解实变函数已经够了.

构成集合的事物称为集合的**元素**.例如,有理数这个集合是由所有有理数为元素构成的集合.

通常集合的符号用大写字母,如 $A, B, C, \cdots, X, Y, Z$ 等来表示,而集合的元素通常用小写字母,如 $a, b, c, \cdots, x, y, z$ 等来表示.设 A 是一个集合,如果 a 是 A 的元素,则记为 $a \in A$,读作 a 属于 A;如果 a 不是 A 的元素,则记为 $a \notin A$,读作 a 不属于 A.

下面我们给出一些常见的集合和记号.记 $\mathbb{N}$ 为全体自然数构成的集合,称为自然数集;记 $\mathbb{N}^*$ 为全体正整数构成的集合,称为正整数集;记 $\mathbb{Q}$ 为全体有理数构成的集合,称为有理数集;记 $\mathbb{R}$ 为所有实数构成的集合,称为实数集.利用上述记号,显然有 $\sqrt{2} \in \mathbb{R}$,但是 $\sqrt{2} \notin \mathbb{Q}$.

给出集合的方法有很多,下面我们主要介绍两种方法.首先是列举法.列举法就是将集合中的元素一一列举出来或按一定的显而易见的规律一一列举出来. 例如 $A=\{2,4,6,8\}$ 表示由这四个偶数组成的集合, 自然数集 $\mathbb{N}=\{0,1,2,3,\cdots\}$.

另外一种表示法称为示性法, 就是将集合中的元素所满足的条件给出来, 说明此集合就是由所有满足这些条件的元素所组成. 例如, $A=\{x:0<x<1\}$ 是由大于 0 而小于 1 的所有实数组成. 这个集合也可表示为 $A=\{x\,|\,0<x<1\}$. 一般地, 示性法表示为 $A=\{x:x$ 满足某某条件 $\}$ 或 $A=\{x\,|\,x$ 满足某某条件 $\}$.

在实变函数中我们用到的集合主要是数集或欧氏空间 $\mathbb{R}^n$ 中的点集, 以后为了记号简洁, 我们记 $\mathbb{R}^1=\mathbb{R}$.

例 1.1 集合 $\{x:a<x<b\}=(a,b)$ 是一个开区间.

例 1.2 设 $f(x)$ 是 $\mathbb{R}$ 上的实函数, 集合 $\{x:f(x)>a\}$ 是由 f 的函数值大于 a 的所有点组成, 集合 $\{x:f$ 在 x 处连续 $\}$ 是由 f 的所有连续点组成.

例 1.3 设 f 和 $\{f_n\}$ 都是定义在 $\mathbb{R}$ 上的实函数, 集合 $\{x:f_n(x)\to f(x)\}$ 是由函数列 $\{f_n\}$ 收敛于 f 的所有点组成.

2) 子集与包含

定义 1.1 设两个集合 A 和 B, 如果对任意的 $x\in A$, 总有 $x\in B$, 则称 A 是 B 的子集合, 简记为 $A\subset B$ 或 $B\supset A$, 读作 A 包含于 B 或 B 包含 A.

由上述定义可知, 所谓 A 是 B 的子集合, 就是说 A 中的元素都是 B 中的元素, 也即 A 是 B 中的一部分.

例 1.4 $\mathbb{N}\subset\mathbb{Q}\subset\mathbb{R}$. 这就是说, $\mathbb{N}$ 是 $\mathbb{Q}$ 的子集合, 而 $\mathbb{Q}$ 又是 $\mathbb{R}$ 的子集合.

为了讨论和叙述的方便, 我们规定一个特殊的集合, 称为**空集**, 它是不包含任何元素的集合, 记为 $\varnothing$.

由上述定义, 空集 $\varnothing$ 是任一集合的子集. 对任意集合 A, 空集 $\varnothing$ 和 A 本身都是 A 的子集, 通常称为 A 的**平凡子集**.

定义 1.2 设 A,B 是两个集合, 如果 $A\subset B$ 且 $B\subset A$, 则称集合 A 与 B **相等**, 记为 $A=B$.

A 与 B 相等就是 A 与 B 中的元素完全相同, 即 A 与 B 是同一个集合.

A 的非平凡子集称为 A 的**真子集**. 若 $B\subset A$ 是 A 的真子集, 则
$$B\neq\varnothing \quad \text{且} \quad B\neq A.$$

3) 集族

下面我们首先介绍集列的概念. 我们把一列集合: $A_1,A_2,\cdots,A_n,\cdots$ 称为**集列**, 记为 $\{A_n\}_{n\in\mathbb{N}^*}$. 有时我们会遇到许多的集合. 例如, 对任意 $\lambda>0$, 当 λ 变化时开区间 $(0,\lambda)$ 就是很多个集合, 但这些集合不能表示成集列的形式. 为了推广集列的概念,

下面我们引进**集族**的定义.

定义 1.3 设 Λ 是一个非空集合,对于每一个 $\lambda \in \Lambda$,有一个集合 A_λ. 这样当 λ 在 Λ 中变化时,我们就有许多集合,这些集合的全体称为**集(合)族**,记为

$$\{A_\lambda : \lambda \in \Lambda\} \quad \text{或} \quad \{A_\lambda\}_{\lambda \in \Lambda},$$

其中 Λ 称为**指标集**. 当 $\Lambda = \mathbb{N}^*$ 时,集(合)族就称为**集(合)列**,简记为 $\{A_n\}_{n \in \mathbb{N}^*}$.

例 1.5 $\{A_\lambda = [0, \lambda] : \lambda > 0\}$ 是一些闭区间组成的集族.

例 1.6 设 $x \in \mathbb{R}^n, r > 0$,集合 $B(x, r) = \{y \in \mathbb{R}^n : |y - x| < r\}$ 称为 $\mathbb{R}^n$ 中以 x 为中心、r 为半径的开球. $\{B(x, r) : x \in \mathbb{R}^n\}$ 是 $\mathbb{R}^n$ 中所有以 r 为半径的开球组成的集族.

1.2 集合的运算

这一节中我们考虑集合的运算及其有关性质. 这些运算如同数的运算,有较好的直观. 因此,为了方便直观理解,初次学习这些集合的性质时我们不妨假设考虑的集合都是平面 $\mathbb{R}^2$ 上的子集. 其实在学习中,如果遇到一些抽象的难以理解的概念或结论,我们都应该先从直线 $\mathbb{R}$、平面 $\mathbb{R}^2$ 以及三维空间 $\mathbb{R}^3$ 这些特殊情形来理解,因为这三种情形都有好的直观.

1) 集合的并与交

定义 1.4 设 A, B 是两个集合,称集合

$$A \cup B \triangleq \{x : x \in A \text{ 或 } x \in B\}$$

为 A 与 B 的**并集**.

由定义,A 与 B 的并集 $A \cup B$ 是由 A 和 B 中的所有元素构成的集合.

定义 1.5 设 A, B 是两个集合,称集合

$$A \cap B \triangleq \{x : x \in A \text{ 且 } x \in B\}$$

为 A 与 B 的**交集**. 若 $A \cap B = \varnothing$,则称 A 与 B 互不相交.

由定义,A 与 B 的交集 $A \cap B$ 是由 A 和 B 中的公共元素构成的集合.

由并与交的定义,显然有 $\begin{cases} A \subset A \cup B, \\ B \subset A \cup B, \end{cases} \begin{cases} A \cap B \subset A, \\ A \cap B \subset B. \end{cases}$

关于集合并与交的运算,有下列性质.

定理 1.1 设 A, B, C 是三个集合,则有

(1)(交换律) $A \cup B = B \cup A$, $A \cap B = B \cap A$;

(2)(结合律) $A \cup (B \cup C) = (A \cup B) \cup C$, $A \cap (B \cap C) = (A \cap B) \cap C$;

(3)(分配律) $A \cap (B \cup C) = (A \cap B) \cup (A \cap C)$,

$$A \cup (B \cap C) = (A \cup B) \cap (A \cup C).$$

以上结论由定义直接可证,这里证明省略.

关于集合的并交运算,见下列图示 1.1 和 1.2.

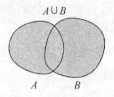

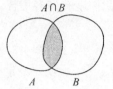

图 1.1　集合的并　　　　　　　　图 1.2　集合的交

2) 集合的差与补

定义 1.6　设 A,B 是两个集合,称集合

$$A\backslash B \triangleq \{x : x \in A, x \notin B\}$$

为 A 与 B 的**差集**,读作 A 减 B.

由定义,A 与 B 的差集 $A\backslash B$ 是由在集合 A 中且不在集合 B 中的一切元素构成的集合.

定义 1.7　设 A 是 S 的一个子集,称集合

$$\complement_S A \triangleq S \backslash A$$

为集合 A 相对于 S 的**补集或余集**,其中 S 称为**全集**.

在某个问题中,当全集 S 很明确且不会产生误解时,通常不把全集写出来,此时 A 相对于 S 的补集简记为 A^c,即 $A^c = \complement_S A$.

注 1.1　在有补集的运算中,凡没有明确指出全集 S 时,就表示取补集运算的全集 S 预先是明确的,并且是相同的. 于是,A^c 也可表示为 $A^c = \{x : x \notin A\}$. 特别当我们考虑的集合都是 $\mathbb{R}^n$ 的子集时,这时的全集就默认为 $\mathbb{R}^n$,所有的补集运算都是相对于全集 $\mathbb{R}^n$ 来作的.

显然,我们有下列简单的事实:

定理 1.2　设 $A \subset S, B \subset S$,则

(1) $A \bigcup A^c = S$, $A \bigcap A^c = \varnothing$, $(A^c)^c = A$, $S^c = \varnothing$, $\varnothing^c = S$.

(2) $A\backslash B = A \bigcap B^c$.

(3) 若 $A \supset B$,则 $A^c \subset B^c$;若 $A \bigcap B = \varnothing$,则 $A \subset B^c$, $B \subset A^c$.

关于集合的差补运算,见下列图示 1.3 和 1.4.

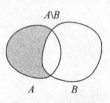

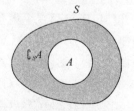

图 1.3　集合的差　　　　　　　　图 1.4　集合的补

显然上述关于两个集合的并、交、补运算可以推广到任意有限个集合,这里就不再多叙.下面我们定义无穷多个集合的运算,更一般地,首先定义集族的并集与交集.

3) 集族的并与交

定义 1.8　设 $\{A_\lambda\}_{\lambda \in \Lambda}$ 是集合族,我们定义其并集与交集如下:

(1) $\bigcup\limits_{\lambda \in \Lambda} A_\lambda \triangleq \{x : \exists \lambda \in \Lambda,$ 使 $x \in A_\lambda\}$ 称为集族 $\{A_\lambda\}_{\lambda \in \Lambda}$ 的**并集**;

(2) $\bigcap\limits_{\lambda \in \Lambda} A_\lambda \triangleq \{x : \forall \lambda \in \Lambda,$ 都有 $x \in A_\lambda\}$ 称为集族 $\{A_\lambda\}_{\lambda \in \Lambda}$ 的**交集**.

由上述定义可知无穷多个集合的并集和交集与这些集合的顺序无关,从而前面提到的交换律与结合律仍适用于任意多个集合的情形.至于分配律,则可以写为

$$A \bigcap \left(\bigcup_{\lambda \in \Lambda} B_\lambda \right) = \bigcup_{\lambda \in \Lambda} (A \bigcap B_\lambda), \quad A \bigcup \left(\bigcap_{\lambda \in \Lambda} B_\lambda \right) = \bigcap_{\lambda \in \Lambda} (A \bigcup B_\lambda).$$

例 1.7　由定义立即得到 $\bigcup\limits_{n=2}^{\infty} \left[\dfrac{1}{n}, 1 - \dfrac{1}{n} \right] = (0,1), \ \bigcap\limits_{n=1}^{\infty} \left(0, \dfrac{1}{n} \right) = \varnothing.$

例 1.8　考虑定义在 $\mathbb{R}$ 上的函数列 $\{f_n\}$,则

$$\{x : \sup_n f_n(x) > a\} = \bigcup_n \{x : f_n(x) > a\},$$
$$\{x : \inf_n f_n(x) \geqslant a\} = \bigcap_n \{x : f_n(x) \geqslant a\}.$$

关于集族的补集运算,我们有下列两个重要的性质:

定理 1.3（De Morgan 公式）

$$\left(\bigcup_{\lambda \in \Lambda} A_\lambda \right)^c = \bigcap_{\lambda \in \Lambda} A_\lambda^c, \quad \left(\bigcap_{\lambda \in \Lambda} A_\lambda \right)^c = \bigcup_{\lambda \in \Lambda} A_\lambda^c.$$

证明　我们只证明第一个等式,第二个等式的证明留作练习.

设 $x \in \left(\bigcup\limits_{\lambda \in \Lambda} A_\lambda \right)^c$,则 $x \notin \bigcup\limits_{\lambda \in \Lambda} A_\lambda$.即 $\forall \lambda \in \Lambda$,有 $x \notin A_\lambda$,从而 $x \in A_\lambda^c$.

因此 $x \in \bigcap\limits_{\lambda \in \Lambda} A_\lambda^c$.

反之,若 $x \in \bigcap\limits_{\lambda \in \Lambda} A_\lambda^c$,则 $\forall \lambda \in \Lambda$,有 $x \in A_\lambda^c$,于是 $x \notin A_\lambda$.

因此 $x \notin \bigcup\limits_{\lambda \in \Lambda} A_\lambda$,从而 $x \in \left(\bigcup\limits_{\lambda \in \Lambda} A_\lambda \right)^c$.　□

4) 集合的直积

定义 1.9　设 A, B 为两个集合,称集合

$$A \times B \triangleq \{(a,b) : a \in A, b \in B\}$$

为 A 与 B 的**直积集**.

直积 $A \times B$ 中的点是由所有二元序组 (a,b)（其中 $a \in A, b \in B$）构成.特别地,当 $A \subset \mathbb{R}^p, B \subset \mathbb{R}^q$ 时,直积 $A \times B$ 是 $\mathbb{R}^{p+q}$ 中的子集.

例 1.9　$\mathbb{R}^{p+q} = \mathbb{R}^p \times \mathbb{R}^q$，$\{(x,y): 0 \leqslant x \leqslant 1, 0 \leqslant y \leqslant 1\} = [0,1] \times [0,1]$.

在欧氏空间中，两个集合的直积是一个高维空间的子集. 但是，一个集合不一定可以分解成两个低维子集的直积.

关于集合的直积，见图示 1.5.

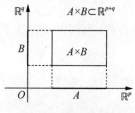

图 1.5　集合的直积

1.3　集列的极限

类似于数列的极限，无限次运算的问题一般都和极限问题有关系，而无限问题实质上就是一个极限问题. 下面我们利用上述运算来考虑集列的极限问题，首先考虑集列的上下极限定义，然后利用上下极限来定义极限.

定义 1.10　设 $\{A_n\}$ 是集合列.

（1）称集合
$$\overline{\lim_{n \to \infty}} A_n \triangleq \{x: \forall N \geqslant 1, \exists n > N, \text{使得 } x \in A_n\}$$

为集列 $\{A_n\}$ 的**上极限集**；

（2）称集合
$$\underline{\lim_{n \to \infty}} A_n \triangleq \{x: \exists N \geqslant 1, \text{使得当 } n \geqslant N \text{ 时 } x \in A_n\}$$

为集列 $\{A_n\}$ 的**下极限集**；

（3）若 $\{A_n\}$ 的上下极限集相等，则称集合
$$\lim_{n \to \infty} A_n \triangleq \overline{\lim_{n \to \infty}} A_n = \underline{\lim_{n \to \infty}} A_n$$

为 $\{A_n\}$ 的**极限集**.

由定义容易知道，对任意集列 $\{A_n\}$，总有 $\underline{\lim_{n \to \infty}} A_n \subset \overline{\lim_{n \to \infty}} A_n$. 但是，一个集列不一定有极限.

例 1.10　考虑集列 $A_n = [0, 2 + (-1)^n]$，则 $\overline{\lim_{n \to \infty}} A_n = [0,3]$，$\underline{\lim_{n \to \infty}} A_n = [0,1]$，从而 $\lim_{n \to \infty} A_n$ 不存在.

定理 1.4　设 $\{A_n\}$ 是集合列，则
$$\overline{\lim_{n \to \infty}} A_n = \bigcap_{k=1}^{\infty} \bigcup_{n=k}^{\infty} A_n, \qquad \underline{\lim_{n \to \infty}} A_n = \bigcup_{k=1}^{\infty} \bigcap_{n=k}^{\infty} A_n.$$

证明 我们只证第二个等式,第一个等式的证明留作练习.

由定义,显然,$\forall k \geqslant 1$,有 $\bigcap\limits_{n=k}^{\infty} A_n \subset \varliminf\limits_{n \to \infty} A_n$,所以

$$\bigcup_{k=1}^{\infty} \bigcap_{n=k}^{\infty} A_n \subset \varliminf_{n \to \infty} A_n.$$

若 $x \in \varliminf\limits_{n \to \infty} A_n$,则存在 $k_0 \geqslant 1$,使得当 $n \geqslant k_0$ 时,有 $x \in A_n$,从而

$$x \in \bigcap_{n=k_0}^{\infty} A_n \subset \bigcup_{k=1}^{\infty} \bigcap_{n=k}^{\infty} A_n,$$

于是

$$\varliminf_{n \to \infty} A_n \subset \bigcup_{k=1}^{\infty} \bigcap_{n=k}^{\infty} A_n. \qquad \square$$

定义 1.11 设 $\{A_n\}$ 是集合列.

(1) 若 $A_1 \supset A_2 \supset \cdots \supset A_n \supset \cdots$,则称 $\{A_n\}$ 为**递减集合列**;

(2) 若 $A_1 \subset A_2 \subset \cdots \subset A_n \subset \cdots$,则称 $\{A_n\}$ 为**递增集合列**.

定理 1.5 单调集合列必有极限. 特别地,我们有下列结论:

(1) 若 $\{A_n\}$ 为递减集合列,则 $\lim\limits_{n \to \infty} A_n = \bigcap\limits_{n=1}^{\infty} A_n$;

(2) 若 $\{A_n\}$ 为递增集合列,则 $\lim\limits_{n \to \infty} A_n = \bigcup\limits_{n=1}^{\infty} A_n$.

该定理由定理 1.4 直接得到,这里不证明.

例 1.11 若 $A_n = [n, \infty)(n = 1, 2, \cdots)$,则 $\lim\limits_{n \to \infty} A_n = \varnothing$.

例 1.12 关于上下极限集,由定义易知

$$A \backslash \varlimsup_{n \to \infty} A_n = \varliminf_{n \to \infty} (A \backslash A_n), \quad A \backslash \varliminf_{n \to \infty} A_n = \varlimsup_{n \to \infty} (A \backslash A_n).$$

例 1.13 设 $\{A_n\}_{n \geqslant 1}$ 为递减集合列,令 $B_n = A_n \backslash A_{n+1}$,$B_0 = \bigcap\limits_{n=1}^{\infty} A_n$,则 $\{B_n\}_{n \geqslant 0}$ 是一列两两不相交的集列,并且 $A_1 = \bigcup\limits_{n=0}^{\infty} B_n$.

证明 显然 $\{B_n\}_{n \geqslant 0}$ 两两不相交,且 $A_1 \supset \bigcup\limits_{n=0}^{\infty} B_n$,这样只需要证明 $A_1 \subset \bigcup\limits_{n=0}^{\infty} B_n$. 设 $x \in A_1$. 若对 $\forall n \geqslant 1$ 有 $x \in A_n$,则 $x \in B_0 = \bigcap\limits_{n=1}^{\infty} A_n$,从而 $x \in \bigcup\limits_{n=0}^{\infty} B_n$. 不然,$\exists n_0 \geqslant 2$ 使得 $x \notin A_{n_0}$. 既然 $A_1 \supset A_2 \supset \cdots \supset A_{n_0}$,$\exists 1 \leqslant N \leqslant n_0 - 1$ 使得 $x \in A_N$ 且 $x \notin A_{N+1}$. 于是 $x \in B_N = A_N \backslash A_{N+1}$. 所以 $x \in \bigcup\limits_{n=0}^{\infty} B_n$ 也成立. $\qquad \square$

例 1.14 设函数列 $\{f_n\}$ 以及 f 都是定义在 $\mathbb{R}$ 上的实值函数,记 $\{f_n\}$ 收敛于 f 的点 x 所组成的集合为

$$E \triangleq \{x : f_n(x) \to f(x)\},$$

则

$$E = \bigcap_{k=1}^{\infty} \bigcup_{N=1}^{\infty} \bigcap_{n=N}^{\infty} \left\{ x : |f_n(x) - f(x)| \leqslant \frac{1}{k} \right\}. \tag{1.1}$$

证明 令式(1.1)右边的集合为 A,下证 $E=A$. 设 $x\in E$,由 $f_n(x)\to f(x)$ 可知,$\forall k\geqslant 1$,$\exists N\geqslant 1$,使得 $\forall n\geqslant N$ 有 $|f_n(x)-f(x)|\leqslant\frac{1}{k}$,从而

$$x\in\bigcap_{n=N}^{\infty}\left\{x:|f_n(x)-f(x)|\leqslant\frac{1}{k}\right\}.$$

这样

$$x\in\bigcup_{N=1}^{\infty}\bigcap_{n=N}^{\infty}\left\{x:|f_n(x)-f(x)|\leqslant\frac{1}{k}\right\},$$

于是 $x\in A$.

反之,设 $x\in A$. $\forall\varepsilon>0$,$\exists k_0\geqslant 1$ 使得 $\frac{1}{k_0}<\varepsilon$. 由 $x\in A$,有

$$x\in\bigcup_{N=1}^{\infty}\bigcap_{n=N}^{\infty}\left\{x:|f_n(x)-f(x)|\leqslant\frac{1}{k_0}\right\},$$

从而 $\exists N\geqslant 1$ 使得

$$x\in\bigcap_{n=N}^{\infty}\left\{x:|f_n(x)-f(x)|\leqslant\frac{1}{k_0}\right\}.$$

于是当 $n\geqslant N$ 时,有

$$|f_n(x)-f(x)|\leqslant\frac{1}{k_0}<\varepsilon,$$

再由极限定义可知 $f_n(x)\to f(x)$,于是 $x\in E$.

综上,结论得证. □

1.4 集合的映射与基数

下面我们考虑两个集合中所含元素多少这样的问题. 如果两个集合中所含的元素是有限个,自然可以通过所含元素的个数来考虑;但如果两个集合中所含元素不是有限多个,这时通过所含元素的个数来比较的朴素做法就行不通了,此时我们需要借助于集合映射的概念来研究这个问题.

1) 集合的映射

在微积分中我们曾经通过映射定义函数概念. 那里的映射是一个区域或区间到实数的映射,下面我们要把它推广到集合到集合的映射.

定义 1.12 设 X,Y 为两个非空集合,若有一种对应法则或关系,记为 φ,使得对每个 $x\in X$,都存在唯一的 $y\in Y$ 与之对应,简记为

$$\varphi:x\in X\to y\in Y,$$

则称该对应 φ 为 **X 到 Y 中的映射**. 这里 y 称为 x 在映射 φ 下的像,记为 $y=\varphi(x)$,称 x 为 y 的一个原像.

另外,我们还有下列三种重要的特殊情形:

(1) 如果对每一个 $y \in Y$,都有 $x \in X$,使得 $y = \varphi(x)$,则称映射 φ 为 X 到 Y 的**满射**,此时称 φ 是 **X 到 Y 上的映射**;

(2) 如果当 $\varphi(x_1) = \varphi(x_2)$ 时总有 $x_1 = x_2$,则称 φ 是 X 到 Y 的**单射**,此时称 φ 是 **X 到 Y 中的 1‐1 映射**;

(3) 如果 φ 既是满射,又是单射,则称 φ 是 **X 到 Y 上的 1‐1 映射**,记为

$$\varphi : X \xrightarrow{1\text{-}1} Y.$$

2) 像集与原像集

设 $\varphi : X \to Y, A \subset X$. 我们称下列集合

$$\varphi(A) \triangleq \{y = \varphi(x) : x \in A\}$$

为集合 A 在映射 φ 下的**像集**. 规定 $\varphi(\varnothing) \triangleq \varnothing$. 对于 $B \subset Y$,我们称集合

$$\varphi^{-1}(B) \triangleq \{x \in X : \varphi(x) \in B\}$$

为 B 在映射 φ 下的**原像集**.

关于集合的映射及像集与原像集,见图示 1.6.

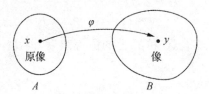

图 1.6　集合的映射

3) 逆映射

定义 1.13　设 φ 是 X 到 Y 上的 1‐1 映射,则对 Y 中的每一个元素 y,有 X 中的唯一元素 x,使得 $y = \varphi(x)$,从而定义 Y 到 X 上的映射:

$$\varphi^{-1} : y \in Y \to x \in X.$$

显然,φ^{-1} 是 Y 到 X 上的 1‐1 映射,称 φ^{-1} 为 φ 的**逆映射**.

关于集合的逆映射,见图示 1.7.

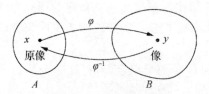

图 1.7　集合的逆映射

由上述定义很容易有下列结论:

定理 1.6

(1) $\varphi\left(\bigcup\limits_{\lambda\in\Lambda}A_\lambda\right)=\bigcup\limits_{\lambda\in\Lambda}\varphi(A_\lambda)$;

(2) $\varphi\left(\bigcap\limits_{\lambda\in\Lambda}A_\lambda\right)\subset\bigcap\limits_{\lambda\in\Lambda}\varphi(A_\lambda)$;

(3) $\varphi^{-1}\left(\bigcup\limits_{\lambda\in\Lambda}B_\lambda\right)=\bigcup\limits_{\lambda\in\Lambda}\varphi^{-1}(B_\lambda)$;

(4) $\varphi^{-1}\left(\bigcap\limits_{\lambda\in\Lambda}B_\lambda\right)=\bigcap\limits_{\lambda\in\Lambda}\varphi^{-1}(B_\lambda)$;

(5) $\varphi^{-1}(B^c)=(\varphi^{-1}(B))^c$.

注 1.2 如果 φ 是单射,则上述(2)中的包含关系"$\subset$"为相等关系"$=$".

4) 复合映射

定义 1.14 设 $\varphi:X\to Y,\psi:Y\to Z$,则由

$$\chi(x)=\psi[\varphi(x)],\quad x\in X$$

定义了一个映射 $\chi:X\to Z$,称为 ψ 与 φ 的**复合映射**,记为 $\chi=\psi\circ\varphi$.

显然,如果 φ 是 X 到 Y 上的 $1\text{-}1$ 映射,则 φ 是可逆的,且

$$\varphi^{-1}\circ\varphi=I_X,\quad \varphi\circ\varphi^{-1}=I_Y,$$

这里,I_X 和 I_Y 分别表示集合 X 和 Y 上的恒等映射,即 $I_X:x\in X\to x\in X$;映射 I_Y 类似定义.

5) 对等

下面我们来考虑集合中元素多少的问题.如本节开始所说,对于有限集,我们可以用自然数刻画出它们所含元素的个数;然而,对于无限集,这种办法就失效了.不通过数数,有没有别的办法来比较集合 A 与 B 中所含元素的多少呢?我们设想集合 A 与 B 是两箱苹果,我们可以利用最朴素的思想来确定这两箱苹果中哪个多,哪个少:先从 A 箱中取出一个苹果,然后从 B 箱中取出一个苹果与它对应,并重复这样做,直到某一箱的苹果取完为止.如果 A 箱中苹果先取完,而 B 箱中还有,则说明 A 箱中苹果少,反之则 A 箱中苹果多;如果两箱同时取完,那么两箱的苹果一样多,并且两箱中取出的苹果是一一对应的.利用上述做法就避开通过数数来比较两箱苹果多少的问题.把这样的想法用于无限集合,就引出两个集合对等的概念.

定义 1.15 设 A 和 B 是两个集合,若存在一个从 A 到 B 上的 $1\text{-}1$ 映射,则称集合 A 与 B **对等**,记为 $A\sim B$.

如果两个集合对等,直观上,这两个集合中所含的元素是 $1\text{-}1$ 对应的,从而我们就认为这两个集合中所含的元素是一样多.

例 1.15 正奇数集与正偶数集对等,即

$$\{1,3,5,\cdots,2n-1,\cdots\}\sim\{2,4,6,\cdots,2n,\cdots\}.$$

如取映射 $\varphi:n\rightarrow n+1,n=1,2,\cdots$,则 φ 是正奇数集到正偶数集上的 1-1 映射.

例 1.16 正整数集与正偶数集对等.

如取映射 $\varphi:n\rightarrow 2n,n=1,2,\cdots$,则 φ 是正整数集到正偶数集上的 1-1 映射.

例 1.17 $(-1,1)\sim\mathbb{R}$.

如取映射

$$\varphi(x)=\tan\left(\frac{\pi}{2}x\right),\quad x\in(-1,1).$$

需要注意的是,在 A 与 B 对等的定义中,从 A 到 B 上的 1-1 映射一般来说不是唯一的,只要存在一个 1-1 映射,就可以说这两个集合对等.

此外,两个有限集合对等的充要条件是它们所含的元素个数一样,于是有限集合不能与它的真子集对等.但是无限集合可以与它的真子集对等,如上述例 1.16 和例 1.17.这说明无限集与有限集有本质上的区别.

显然,对等关系有如下的基本性质:

定理 1.7 设 A,B 和 C 是三个集合.

(1)(自反性) $A\sim A$;

(2)(对称性) 若 $A\sim B$,则 $B\sim A$;

(3)(传递性) 若 $A\sim B,B\sim C$,则 $A\sim C$.

如何判别两个集合对等呢? 下面的定理为我们提供了一些方法.

定理 1.8 设 $\{A_n\}$ 和 $\{B_n\}$ 是两列两两不相交的集列,即

$$A_i\bigcap A_j=\varnothing,\quad B_i\bigcap B_j=\varnothing,\quad i\neq j,$$

如果 $A_n\sim B_n,\forall n\geqslant 1$,则有 $\bigcup\limits_n A_n\sim\bigcup\limits_n B_n$.

证明 设 φ_n 是 A_n 到 B_n 上的 1-1 映射.下面定义映射 $\varphi:\bigcup\limits_n A_n\rightarrow\bigcup\limits_n B_n$ 如下:对 $x\in\bigcup\limits_n A_n,\exists n\geqslant 1$ 使得 $x\in A_n$.令 $\varphi(x)=\varphi_n(x)$,如图示 1.8,容易验证 φ 是 1-1 到上的映射,再由定义 1.15,定理得证.

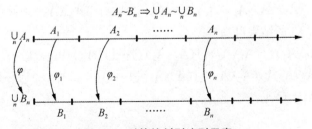

图 1.8 对等的判别法则示意

下面给出判别两个集合对等的一个非常重要的定理.

定理 1.9（Bernstein 定理） 若集合 A 与 B 的某个子集对等, 集合 B 与 A 的某个子集对等, 则 $A \sim B$.

证明 由假设, 存在单射 $\varphi : A \to B$ 与单射 $\psi : B \to A$. 令 $\chi = \psi \circ \varphi$, 则 χ 是 A 到自身的单射. 考虑下列映射关系:

$$A \xrightarrow{\varphi} B_1 = \varphi(A) \xrightarrow{\psi} A_2 = \psi(B_1) \xrightarrow{\varphi} B_3 = \varphi(A_2) \xrightarrow{\psi} A_4 \cdots,$$

$$B \xrightarrow{\psi} A_1 = \psi(B) \xrightarrow{\varphi} B_2 = \varphi(A_1) \xrightarrow{\psi} A_3 = \psi(B_2) \xrightarrow{\varphi} B_4 \cdots,$$

上述集合的关系可参考下列图示 1.9:

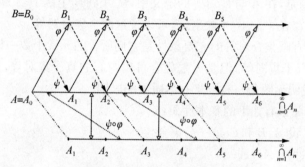

图 1.9 Bernstein 定理示意

于是 $B \sim A_1$, 要证明此定理, 只要证明 $A \sim A_1$ 即可.

由上述定义可知

$$A \supset A_1 \supset A_2 \supset \cdots \supset A_n \supset \cdots,$$

显然 $A_{2n+2} = \chi(A_{2n}), n \geqslant 0$; $A_{2n+1} = \chi(A_{2n-1}), n \geqslant 1$. 这里 $A_0 = A$, 于是通过映射 χ, 有

$$A_0 \sim A_2 \sim A_4 \sim \cdots \sim A_{2n} \sim A_{2n+2},$$

$$A_1 \sim A_3 \sim A_5 \sim \cdots \sim A_{2n-1} \sim A_{2n+1},$$

从而

$$A_0 \backslash A_1 \sim A_2 \backslash A_3 \sim A_4 \backslash A_5 \sim A_{2n-2} \backslash A_{2n-1} \sim A_{2n} \backslash A_{2n+1} \sim \cdots,$$

$\forall n \geqslant 1$. 由例 1.13 的结果可知

$$A = (A_0 \backslash A_1) \bigcup (A_1 \backslash A_2) \bigcup (A_2 \backslash A_3) \bigcup \cdots \bigcup (A_{2n} \backslash A_{2n+1}) \bigcup \cdots \bigcup A_*,$$

$$A_1 = (A_1 \backslash A_2) \bigcup (A_2 \backslash A_3) \bigcup (A_3 \backslash A_4) \bigcup \cdots \bigcup (A_{2n-1} \backslash A_{2n}) \bigcup \cdots \bigcup A_*,$$

这里 $A_* = \bigcap_{n \geqslant 0} A_n = \bigcap_{n \geqslant 1} A_n$.

令

$$C_n = (A_{2n-2} \backslash A_{2n-1}) \bigcup (A_{2n-1} \backslash A_{2n}), \quad D_n = (A_{2n-1} \backslash A_{2n}) \bigcup (A_{2n} \backslash A_{2n+1}),$$

其中 $n \geqslant 1$, 并令 $C_0 = D_0 = A_*$, 则

$$A = C_0 \bigcup C_1 \bigcup C_2 \bigcup \cdots \bigcup C_n \bigcup \cdots,$$
$$A_1 = D_0 \bigcup D_1 \bigcup D_2 \bigcup \cdots \bigcup D_n \bigcup \cdots.$$

因 $\{C_n\}$, $\{D_n\}$ 是两两不相交的, 又显然 $(A_{2n-2} \setminus A_{2n-1}) \sim (A_{2n} \setminus A_{2n+1})$, 故 $C_n \sim D_n$. 这样, 由定理 1.8 可知 $A \sim A_1$. □

由 Bernstein 定理我们容易得到下列结论:设集合 A, B, C 满足 $A \subset B \subset C$, 如果 $A \sim C$, 则 $A \sim B$.

例 1.18 设 $a < b$, 则 $[a, b] \sim [a, b) \sim (a, b] \sim (a, b) \sim \mathbb{R}$.

证明 注意到 $(a, b) \sim (-1, 1) \sim \mathbb{R}$, 上述结论立即可得. □

6) 基数的概念

为了准确描述集合所含元素多少的问题, 下面我们给出基数(或势)的概念.

定义 1.16 如果集合 A 与 B 对等, 即 $A \sim B$, 则称 A 与 B 有相同的**基数**或**势**, 记为 $\overline{\overline{A}} = \overline{\overline{B}}$.

这里 $\overline{\overline{A}}$ 可以理解为 A 的基数. 但集合的基数并不是一个具体的数, 而是刻画了一类互相对等的集合共有的一种属性. 当 A 为有限集合时, 可以用它所含元素的个数来作为基数 $\overline{\overline{A}}$ 的标志. 从这个意义上说, A 的基数可以理解为 A 所含元素的个数. 互相对等的一切集合具有相同的基数, 因为记号 $\overline{\overline{A}}$ 表示的是这一类集合所共有的属性, 所以也可以把这类集合的共同属性与标志 $\overline{\overline{A}}$ 等同起来.

下面我们考虑基数大小的问题. 如果 A 与 B 的某个子集对等, 则说 A 的基数小于等于 B 的基数, 记为 $\overline{\overline{A}} \leqslant \overline{\overline{B}}$; 如果 $\overline{\overline{A}} \leqslant \overline{\overline{B}}$ 且 $\overline{\overline{A}} \neq \overline{\overline{B}}$, 则说 A 的基数小于 B 的基数, 记为 $\overline{\overline{A}} < \overline{\overline{B}}$.

利用基数大小的概念, 定理 1.9 等价于下列推理:如果
$$\overline{\overline{A}} \leqslant \overline{\overline{B}} \quad \text{且} \quad \overline{\overline{B}} \leqslant \overline{\overline{A}},$$
则 $\overline{\overline{A}} = \overline{\overline{B}}$. 这个结论反映了基数具有数的特性, 但是基数并不是一个普通的数.

定理 1.10 设映射 $\varphi: A \to B$, 则下列结论成立:

(1) 如果 φ 是单射, 则 $\overline{\overline{A}} \leqslant \overline{\overline{B}}$;

(2) 如果 φ 是满射, 则 $\overline{\overline{A}} \geqslant \overline{\overline{B}}$;

(3) 如果 φ 既是单射, 又是满射, 则 $\overline{\overline{A}} = \overline{\overline{B}}$.

证明 只有(2)需要证明. 令 $A_y = \varphi^{-1}(y)$, 则 $\{A_y : y \in B\}$ 是 A 中两两不相交的集族, 且 $\bigcup_{y \in B} A_y = A$. 由选择公理(见附录), 存在集合 $M \subset A$ 使得 M 与每一个 A_y 相交, 且 $M \bigcap A_y$ 只含有一个点. 于是 φ 限制在 M 上, $\varphi: M \to B$ 是一个单射. 显然它也

是个满射. 所以 $\overline{\overline{A}} \geqslant \overline{\overline{M}} = \overline{\overline{B}}$.

上述定理中, 当 φ 分别为单射和满射时, $\overline{\overline{A}}$ 和 $\overline{\overline{B}}$ 的大小分别如图 1.10(a) 和 (b) 所示.

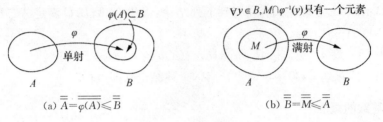

$$(a)\ \overline{\overline{A}} = \overline{\overline{\varphi(A)}} \leqslant \overline{\overline{B}} \qquad\qquad (b)\ \overline{\overline{B}} = \overline{\overline{M}} \leqslant \overline{\overline{A}}$$

图 1.10 基数比较

1.5 可数集

现在我们来严格定义有限集和无限集. 设 A 是一个集合, 如果存在自然数 n, 使得 $A \sim \{1, 2, \cdots, n\}$, 则称 A 为**有限集**, 且用 n 表示 A 的基数. 若一个集合不是有限集, 则称为**无限集**.

下面我们研究无限集基数及其有关性质. 无限集又分为可数集与不可数集, 首先定义可数集.

定义 1.17 与正整数集 $\mathbb{N}^*$ 对等的集合称为**可数(可列)集合**, 其基数记为 a.

定理 1.11 A 是可数集合的充要条件是 A 中的元素可以按正整数次序排列起来, 即可表示为 $A = \{a_1, a_2, \cdots, a_n, \cdots\}$.

证明 设 A 是可数集合, 则存在一个 $1-1$ 到上的映射 $\varphi: \mathbb{N}^* \to A$, 令 $a_n = \varphi(n)$, 则 $A = \{a_1, a_2, \cdots, a_n, \cdots\}$; 反之, 定义 $\varphi: n \in \mathbb{N}^* \to a_n \in A$, 则 φ 是 $\mathbb{N}^*$ 到 A 上的一个 $1-1$ 映射. 所以 $A \sim \mathbb{N}^*$. □

定理 1.12 任一无限集 E 必包含可数子集.

证明 任取 E 中一元素, 记为 a_1, 再从 $E \setminus \{a_1\}$ 中取一元素, 记为 a_2. 设已选出 $a_1, a_2, \cdots, a_n$, 因为 E 是无限集, 所以
$$E \setminus \{a_1, a_2, \cdots, a_n\} \neq \varnothing,$$
则再从 $E \setminus \{a_1, a_2, \cdots, a_n\}$ 中选一元素, 记为 a_{n+1}. 依此类推, 得到一个可数集合
$$A = \{a_1, a_2, \cdots, a_n, a_{n+1}, \cdots\},$$
使得 $A \subset E$. □

定理 1.12 说明了可数集的基数是无穷集中最小的, 或者说可数集是一类最小的无穷集.

下面考虑可数集的运算.

定理 1.13 设 A 是有限集，B 是可数集，则 $A \cup B$ 是可数集.

证明 不妨设 $A = \{a_1, a_2, \cdots, a_n\}$，$B = \{b_1, b_2, \cdots\}$. 若 $A \cap B = \varnothing$，则由

$$A \cup B = \{a_1, a_2, \cdots, a_n, b_1, b_2, \cdots\}$$

可知 $A \cup B$ 是可数集. 若 $A \cap B \neq \varnothing$，则由

$$A \cup B = (A \backslash B) \cup B,$$

而 $A \backslash B$ 是有限集，于是 $A \cup B$ 为可数集. □

上述定理说明，一个可数集增加任意有限多个元素，其基数都不会改变. 由此可见无穷集与有限集有着本质区别，下列定理则进一步体现了这两种集合的区别.

定理 1.14 若 $A_n (n = 1, 2, \cdots)$ 为两两不相交的至多可数的集列，且至少有一个是可数集，则并集 $A = \bigcup\limits_{n=1}^{\infty} A_n$ 是可数集.

证明 下面分两种情形来证明.

(1) 若每一个 A_j 都是可数集，设

$$A_1 = \{a_{11}, a_{12}, \cdots, a_{1j}, \cdots\},$$
$$A_2 = \{a_{21}, a_{22}, \cdots, a_{2j}, \cdots\},$$
$$\vdots$$
$$A_i = \{a_{i1}, a_{i2}, \cdots, a_{ij}, \cdots\},$$
$$\vdots$$

则 A 中的元素可排列如下：

$$\{a_{11}, a_{21}, a_{12}, a_{31}, a_{22}, a_{13}, \cdots, a_{ij}, \cdots\}, \tag{1.2}$$

其规则是按下标和 $i + j$ 的大小顺序排，而对于下标和相同的元素 $\{a_{ij} : i + j = n\}$，则按斜对角线自下往上的顺序排. 这些元素排成 $a_{n-1,1}, a_{n-2,2}, \cdots, a_{1,n-1}$.

(2) 若某些 A_j 是有限集，在上述排列形式(1.2)中，将 A_j 的有限项排完为止，而 A_j 中某项以后的项自然没有，但是(1.2)还是一列元素，因为它至少含有某个可数集 $A_{j'}$ 中的一列元素. 从而 A 还是可数的. □

定理 1.15 若 $A_n (n = 1, 2, \cdots)$ 为一列至多可数的集合，且至少有一个是可数集，则并集 $A = \bigcup\limits_{n=1}^{\infty} A_n$ 也是可数集.

证明 不妨假设 A_1 是可数的. 令

$$B_1 = A_1, \quad B_2 = A_2 \backslash A_1, \quad B_3 = A_3 \backslash (A_1 \cup A_2), \quad \cdots, \quad B_n = A_n \backslash \bigcup_{1 \leqslant j \leqslant n-1} A_j,$$

则 $B_i \cap B_j = \varnothing, i \neq j$. 显然 $\bigcup\limits_n A_n = \bigcup\limits_n B_n$. 对 $\{B_n\}$ 利用定理 1.14 即得证. □

例 1.19 有理数集 $\mathbb{Q}$ 是可数的.

证明 事实上，我们只要证明正有理数集 $\mathbb{Q}^+ = \{p/q : p, q \text{ 都是正整数}\}$ 为可列集即可. 这是因为 $\mathbb{Q} = \mathbb{Q}^+ \cup \mathbb{Q}^- \cup \{0\}$，其中 $\mathbb{Q}^- = -\mathbb{Q}^+$ 是负有理数的集合. 令

$$A_q = \{p/q : p = 1, 2, \cdots\},$$

则 $\mathbb{Q}^+ = \bigcup_{q\in\mathbb{N}^*} A_q$. 由定理 1.14 知 $\mathbb{Q}^+$ 是可数集. □

定理 1.16 设 $A_1, A_2, \cdots, A_n$ 是 n 个可数集,则乘积集合 $A = A_1 \times A_2 \times \cdots \times A_n$ 是可数的.

证明 利用归纳法,归纳假设 $B = A_1 \times A_2 \cdots \times A_{n-1}$ 是可数的. 令

$$A_n = \{x_1, x_2, \cdots, x_k, \cdots\}, \quad B_k = B \times \{x_k\},$$

则 $A = \bigcup_k B_k$. 因为 B 可数,从而 B_k 可数. 由定理 1.14 可知结论成立. □

例 1.20 $\mathbb{R}^n$ 中分量都是有理数的向量全体是可数集.

例 1.21 整系数多项式全体是可数集,从而所有代数数全体,即整系数多项式的实根全体是可数集.

例 1.22 实数轴 $\mathbb{R}$ 上互不相交的开区间族是至多可数集.

证明 设 $\{I_\lambda = (\alpha_\lambda, \beta_\lambda)\}_\lambda$ 是一个两两不相交的开区间族. 再令 $r_\lambda \in I_\lambda$ 是一个有理数,则 $A = \{r_\lambda\}$ 是一些互不相同的有理数组成的集合,从而至多可数. 由于映射 $\varphi: I_\lambda \to r_\lambda$ 是 $1-1$ 到上映射,因此这个开区间族与 A 对等,从而是至多可数的. □

1.6 不可数集

由上一节的讨论可知可数集是一类无限集合. 那么,是否所有无限集合都是可数集呢? 答案是否定的,因为存在不可数的无限集合. 一个无限集如果不是可数的,则称为**不可数集**.

定理 1.17 $(0,1) = \{x: 0 < x < 1\}$ 是不可数集.

证明 首先,采用十进制小数表示法,将 $x \in (0,1)$ 表示为十进制小数

$$x = 0. a_1 a_2 a_3 \cdots a_n \cdots,$$

其中 a_j 取 $0, 1, 2, \cdots, 9$,并且不以 0 为循环节. 这样的十进制小数表示称为一个正规的十进制小数表示(一个以 0 为循环节的十进制小数表示,也可以表示为一个以 9 为循环节的十进制小数). 这样,对任意实数一定存在唯一正规的十进制小数表示,从而把正实数与它的正规十进制小数表示一一对应起来.

用反证法,假如 $(0,1)$ 是可数的. 令 $(0,1) = \{x_1, x_2, \cdots, x_n, \cdots\}$,其中

$$x_1 = 0. a_1^{(1)} a_2^{(1)} a_3^{(1)} \cdots a_n^{(1)} \cdots,$$
$$x_2 = 0. a_1^{(2)} a_2^{(2)} a_3^{(2)} \cdots a_n^{(2)} \cdots,$$
$$\vdots$$
$$x_n = 0. a_1^{(n)} a_2^{(n)} a_3^{(n)} \cdots a_n^{(n)} \cdots,$$
$$\vdots$$

又令

$$\tilde{a}_n = \begin{cases} 1, & \text{如果 } a_n^{(n)} \neq 1, \\ 2, & \text{如果 } a_n^{(n)} = 1, \end{cases}$$

和

$$\tilde{x} = 0.\tilde{a}_1\tilde{a}_2\tilde{a}_3\cdots\tilde{a}_n\cdots,$$

由于 $\tilde{a}_n \neq a_n^{(n)}$, $\forall n \geq 1$, 所以 $x \neq \tilde{x}_n$, $\forall n \geq 1$. 但是, 显然有 $\tilde{x} \in (0,1)$, 这与 $\{x_n\}$ 表示了 $(0,1)$ 中所有的数矛盾. 这样就证明了 $(0,1)$ 是不可数集. □

由例 1.18 可知, $(a,b), (a,b], [a,b), [a,b], (-\infty, +\infty)$ 都是不可数的, 且有相同的基数. 我们称实数集 $\mathbb{R}$ 的基数为**连续基数**, 记为 c. 由上述讨论可知可数基数小于连续基数, 即 $a < c$.

例 1.23 设 A 是不可数集, B 是 A 的一个可数子集, 求证: $A \sim A\backslash B$.

证明 因为 A 是不可数集, 而 B 是可数子集, 所以 $A\backslash B$ 是一个无穷集合. 由定理 1.12, $A\backslash B$ 有可数子集, 记为 C, 则 B 与 C 不相交, 且 $B \cup C \sim C$, 从而

$$A = A\backslash(B \cup C) \cup (B \cup C) \sim ((A\backslash B)\backslash C) \cup C = A\backslash B.$$ □

此例说明: 一个不可数集去掉任意一个可数子集后, 其基数不会变小; 增加一个可数子集后, 其基数不会变大. 直观上看, 可数基数相对于不可数的基数来说是微不足道的, 可以忽略不计.

定理 1.18 考虑集合列 $\{A_k\}$, 如果每个 A_k 的基数都是连续基数, 那么它们的并集 $\bigcup\limits_{k=1}^{\infty} A_k$ 的基数是连续基数.

证明 设 $\varphi_k: [k, k+1) \to A_k$ 是一个 $1-1$ 到上的对应, 类似于定理 1.8 的证明, 则可以定义一个满射

$$\psi: [0, \infty) \to \bigcup\limits_{k=1}^{\infty} A_k,$$

从而由定理 1.10, $\bigcup\limits_{k=1}^{\infty} A_k$ 的基数小于等于连续基数. 又显然 $\bigcup\limits_{k=1}^{\infty} A_k$ 的基数大于等于连续基数, 这样定理得证. □

下面我们研究乘积集合的基数. 下列结论说明: 一列基数为 c 的集列的乘积集合, 其基数也为 c.

定理 1.19 设 A_n 是一列基数均为 c 的集合, 则乘积集合

$$A = A_1 \times A_2 \times \cdots \times A_n \times \cdots$$

的基数也是 c.

证明 不妨设 $A_n = (0,1)$, 显然有 $\overline{\overline{A}} \geq c$. 又对任意 $x = (x_1, x_2, \cdots) \in A$, 有正规小数表示:

$$x_1 = 0.x_{11}x_{12}\cdots x_{1n}\cdots,$$
$$x_2 = 0.x_{21}x_{22}\cdots x_{2n}\cdots,$$
$$\vdots$$

$$x_n = 0. x_{n1} x_{n2} \cdots x_{nn} \cdots,$$
$$\vdots$$

则按照对角线规律排列,考虑下列对应

$$\varphi: x \rightarrow \tilde{x} = 0. x_{11} x_{21} x_{12} x_{31} \cdots \in (0,1).$$

注意到 $\tilde{x}$ 也是正规小数表示,从而 φ 是 A 到 $(0,1)$ 内的 $1-1$ 映射,故 $\overline{\overline{A}} \leqslant c$. □

由上述定理 1.19 立即可得:

定理 1.20 n 维欧氏空间 $\mathbb{R}^n$ 的基数为 c.

定理 1.21 设集族 $\{A_\lambda\}_{\lambda \in \Lambda}$ 的下标集合 Λ 的基数是连续基数,且每个 A_λ 的基数都是连续基数,则并集 $\bigcup_{\lambda \in \Lambda} A_\lambda$ 的基数也是连续基数.

证明 不妨设 $\Lambda = \mathbb{R}$. 令 $l_\lambda = \{(\lambda, y) : y \in \mathbb{R}\}$ 是平面中过 x 轴上 λ 点且平行于 y 轴的直线,则存在 $1-1$ 到上的映射 $\psi_\lambda : l_\lambda \rightarrow A_\lambda$. 类似于定理 1.18 的证明,可定义一个平面到并集 $A = \bigcup_{\lambda \in \Lambda} A_\lambda$ 的一个满射,这样由定理 1.10 可知 A 的基数小于等于连续基数. 又显然 A 的基数大于等于连续基数,这样 A 的基数等于连续基数. □

前面我们介绍了基数的大小的概念,下面我们考虑基数是否存在上界的问题. 下面的定理告诉我们,集合的基数是没有上界的.

定理 1.22 若 A 是非空集合,M 为由 A 的一切子集为元素所构成的集合,称其为 A 的幂集,则 A 与其幂集 M 不对等,且 $\overline{\overline{A}} < \overline{\overline{M}}$.

证明 用反证法,假定 A 与其幂集 M 对等,即存在 $1-1$ 到上的映射

$$\varphi: \alpha \in A \rightarrow M_\alpha \in M.$$

取集合

$$M_* = \{\alpha \in A : \alpha \notin M_\alpha\},$$

于是有 $\alpha_* = \varphi^{-1}(M_*) \in A$,使 $\varphi: \alpha_* \rightarrow M_* \in M$,从而 $M_* = M_{\alpha_*}$. 下面讨论 A 中元素 α_* 与 A 的子集 M_* 的关系:

(1) 若 $\alpha_* \in M_*$,则由 M_* 的定义可知 $\alpha_* \notin \varphi(\alpha_*) = M_{\alpha_*} = M_*$;

(2) 若 $\alpha_* \notin M_*$,则由 M_* 的定义又可知 $\alpha_* \in \varphi(\alpha_*) = M_* = M_{\alpha_*}$.

上述讨论说明,无论哪种情形总有矛盾,所以 A 与 M 是不能对等的. 又显然集合 A 的基数小于等于 M 的基数. 由基数大小的定义,定理成立. □

如果 A 是有限集,则 M 也是有限集,显然有 $\overline{\overline{M}} = 2^{\overline{\overline{A}}}$. 当 A 是无限集时,则 M 也是无限集,此时在形式上我们仍然记 $\overline{\overline{M}} = 2^{\overline{\overline{A}}}$. 于是定理 1.22 的等价说法是

$$\overline{\overline{A}} < 2^{\overline{\overline{A}}}.$$

按上述记号的意义,我们有下面的结论.

定理 1.23 对于可数基数 a 和连续基数 c,有下列关系: $c = 2^a$.

证明　记 M 是正整数集 $\mathbb{N}^*$ 的所有子集所成的集合,我们要证明 M 的基数是 c.首先对任意 $A\in M$,作映射

$$\varphi:A\in M\to\sum_{n\in A}\frac{1}{3^n}\in[0,1],\ 若 A\neq\varnothing;\quad\varphi:A\to 0,\ 若 A=\varnothing.$$

显然这些数的三进制数表示不以 2 为循环节,从而易知 φ 是从 M 到 $[0,1]$ 的一个单射,故得 $\overline{\overline{M}}\leqslant c$.

另一方面,对每一个 $x\in(0,1)$,用二进制正规小数(不以 0 为循环节)表示为

$$x=0.a_1a_2\cdots a_n\cdots,\quad a_j=0\ \text{or}\ 1.$$

定义映射 ψ 如下:

$$\psi:x\to A=\{j:a_j=1,j=1,2,\cdots\}\in M,$$

易知 ψ 是从 $(0,1)$ 到 M 的一个单射,故又得 $c\leqslant\overline{\overline{M}}$.

综上,根据定理 1.9,可知 $\overline{\overline{M}}=c$.　□

关于可数基数和连续基数,形式上有下列运算:

$$n\cdot a=a,\quad a^2=a\cdot a=a,\quad n\cdot c=c,\quad c^n=c,\quad c^a=c,\quad a<c=2^a.$$

连续统假设　不存在介于可数基数 a 与连续基数 c 之间的基数.

注 1.3　连续统假设说明基数不具有连续的延续性.特别要注意的是,连续统假设还没有被证明,因此在证明问题时不要使用该假设,但是数学家们认为其正确与否对已有的实变函数理论不会有任何影响.

习题 1

A 组

1. 证明下列结论:

(1) $A\bigcup B=A\bigcup(B\backslash A)$;

(2) $A\backslash B=A\backslash(A\bigcap B)$;

(3) $A\bigcap(B\backslash C)=(A\bigcap B)\backslash(A\bigcap C)$;

(4) $(A\backslash B)\backslash C=A\backslash(B\bigcup C)$;

(5) $A\backslash(B\backslash C)=(A\backslash B)\bigcup(A\bigcap C)$;

(6) $(A\backslash B)\bigcap(C\backslash D)=(A\bigcap C)\backslash(B\bigcup D)$;

(7) $A\backslash(A\backslash B)=A\bigcap B$.

2. 证明:$A\bigcup(B\bigcap C)=(A\bigcup B)\bigcap(A\bigcup C)$.

3. 证明:$\left(\bigcap\limits_{i=1}^{\infty}A_i\right)^c=\bigcup\limits_{i=1}^{\infty}A_i^c$.

4. 证明：$(A\cup B)\backslash C=(A\backslash C)\cup(B\backslash C)$.

5. 证明：

(1) $\left(\bigcup_{\alpha\in\Lambda}A_\alpha\right)\backslash B=\bigcup_{\alpha\in\Lambda}(A_\alpha\backslash B)$；

(2) $\left(\bigcap_{\alpha\in\Lambda}A_\alpha\right)\backslash B=\bigcap_{\alpha\in\Lambda}(A_\alpha\backslash B)$.

6. 设 $\{A_n\}$ 与 $\{B_n\}$ 是递增集列，试证明：

$$\left(\bigcup_{n=1}^{\infty}A_n\right)\cap\left(\bigcup_{n=1}^{\infty}B_n\right)=\bigcup_{n=1}^{\infty}(A_n\cap B_n).$$

7. 设 $\{A_n\}$ 是一列集合，作 $B_1=A_1,B_n=A_n\backslash\left(\bigcup_{i=1}^{n-1}A_i\right),n>1$. 证明：$\{B_n\}$ 是一列互不相交的集，而且 $\bigcup_{n=1}^{\infty}A_n=\bigcup_{n=1}^{\infty}B_n,n\in\mathbb{N}^*$.

8. 设 $A_{2n-1}=\left(0,\dfrac{1}{n}\right),A_{2n}=(0,n),n=1,2,\cdots$，求出集列 $\{A_n\}$ 的上极限集和下极限集.

9. 证明：$\varlimsup_{n\to\infty}A_n=\bigcap_{n=1}^{\infty}\bigcup_{m=n}^{\infty}A_m$.

10. 设 $\{f_n\}$ 以及 f 是定义在 $\mathbb{R}$ 上的实值函数，记 $\{f_n(x)\}$ 不收敛于 $f(x)$ 的点 x 所组成的集合为

$$E\triangleq\{x\in\mathbb{R}:f_n(x)\nrightarrow f(x)\}.$$

利用例 1.14 的结论给出集合 E 的表示.

11. 设 f 是定义在 E 上的实函数，a 是一个常数. 记

$$E[f>a]=\{x\in E:f(x)>a\},$$

类似定义 $E[f\geqslant a],E[f<a],E[f\leqslant a]$ 等. 证明：

(1) $E[f\geqslant a]=\bigcap_{n=1}^{\infty}E\left[f>a-\dfrac{1}{n}\right]$；

(2) $E[f\leqslant a]=\bigcap_{n=1}^{\infty}E\left[f<a+\dfrac{1}{n}\right]$.

12. 设 f_n 是 E 上的单调增加的函数列，即满足

$$f_n(x)\leqslant f_{n+1}(x),\quad\forall n\geqslant1,x\in E,$$

并且 $f_n(x)\to f(x),n\to\infty$. 证明：

(1) $E[f\leqslant a]=\bigcap_{n=1}^{\infty}E[f_n\leqslant a]=\lim_{n\to\infty}E[f_n\leqslant a]$；

(2) $E[f>a]=\bigcup_{n=1}^{\infty}E[f_n>a]=\lim_{n\to\infty}E[f_n>a]$.

13. 设 $f:X\to Y,A\subset X,E\subset Y$，试问下列等式成立吗？

(1) $f^{-1}(Y\backslash E)=f^{-1}(Y)\backslash f^{-1}(E)$；

(2) $f(X\backslash A)=f(X)\backslash f(A)$.

14. 作出一个 $(-1,1)$ 和 (a,b) 的 1-1 对应,并写出这一对应的解析表达式.

15. 设 A 是三维欧氏空间 $\mathbb{R}^3$ 中互不相交的开球所成的集族,证明:A 至多为可数集.

16. 设 A 是平面上以有理点(即坐标都是有理数)为中心、有理数为半径的圆的全体,证明:A 是可数集.

17. 证明:单调函数的不连续点最多有可数多个.

18. 试找出使 $(0,1)$ 和 $(0,1]$ 之间 1-1 对应的一种方法.

19. 设 A 是一可数集合,证明:A 的所有有限子集为元素组成的集合必可数.

20. 证明:$[0,1]$ 上的全体无理数作成的集合其基数为 c.

21. 设 A 是个无穷集,B 是个可数集,$C=A\cup B$,证明:A 与 C 对等.

22. 试证明:

(1) 若 $(A\backslash B)\sim(B\backslash A)$,则 $A\sim B$;

(2) 若 $A\subset B$,且 $A\sim(A\cup C)$,则 $B\sim(B\cup C)$.

B 组

23. 设有集合关系 $E=A\cup B$,且 E 的基数是 c,试证明:A 与 B 中至少有一个集合的基数是 c.

24. 若 $\bigcup\limits_{n=1}^{\infty}A_n$ 的基数为 c,证明:存在 n_0,使 A_{n_0} 的基数也是 c.

25. 设 E 是三维欧氏空间 $\mathbb{R}^3$ 中的点集,且 E 中任意两点的距离都是有理数,试证明:E 是可数集.

26. 设 $E\subset\mathbb{R}$ 是可列集,试证明:存在 $x_0\in\mathbb{R}$,使得点集 E 与 $E+x_0$ 不相交,即 $E\cap(E+x_0)=\varnothing$,其中

$$E+x_0\equiv\{x+x_0:x\in E\}.$$

27. 设集合 A 具有连续基数,若 $\overline{\overline{B}}\leqslant\overline{\overline{A}}$,试证明:$A\cup B\sim A$.

28. 证明:闭区间 $[a,b]$ 上所有右连续的单调增加的函数集合的基数为 c.

29. 设 $E\subset\mathbb{R}$ 是不可数子集,证明:存在 $x\in\mathbb{R}$,使得 $\forall\delta>0$,$E\cap(x-\delta,x+\delta)$ 是不可数的. 问此结论是否可以推广到高维空间的子集上?

30. 设 $E\subset\mathbb{R}$ 是不可数子集,证明:存在 $x\in E$,使得对任意 $\delta>0$,$(x-\delta,x)$ 和 $(x,x+\delta)$ 中都有 E 中的点.

2 欧氏空间 $\mathbb{R}^n$ 中的点集

为了研究欧氏空间 $\mathbb{R}^n$ 上的 Lebesgue（勒贝格）测度和积分，首先要给出 $\mathbb{R}^n$ 中有关点集拓扑的基本概念和性质. 这里有的内容在微积分课程里已经遇到过，我们再系统地讨论一下，这对于拓扑课程的学习也是有帮助的. 事实上，等到学完拓扑知识后，这些概念将会变得非常简单. 在本章如没有特殊说明，所考虑的集合都是指 $\mathbb{R}^n$ 中的子集.

2.1 欧氏空间中的距离

1) 向量的模

定义 2.1 设 $x=(\xi_1,\xi_2,\cdots,\xi_n)\in\mathbb{R}^n$，令
$$|x|=(\xi_1^2+\xi_2^2+\cdots+\xi_n^2)^{\frac{1}{2}},$$
称 $|x|$ 为向量 x 的**模**或**长度**.

关于向量的模，我们有如下性质：
(1) $|x|\geqslant 0$，且 $|x|=0\Leftrightarrow x=0$；
(2) $|\alpha\cdot x|=|\alpha||x|$，$\alpha\in\mathbb{R}$；
(3) $|x+y|\leqslant|x|+|y|$.

2) 两点的距离

利用向量的模或长度，我们定义
$$d(x,y)=|x-y|$$
为 x 与 y 两点的**距离**（见图示 2.1）.

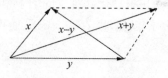

图 2.1 两点的距离

3) 点列的收敛与极限

有了距离，就可以刻画两个点的远近程度，从而有点列的收敛和极限等概念.

定义 2.2　设点列 $\{x_k\}\subset\mathbb{R}^n, x\in\mathbb{R}^n$,若

$$d(x_k,x)=|x_k-x|\to 0 \quad (k\to\infty),$$

则称点列 $\{x_k\}$ 收敛于 x,称 x 为它的极限,并简记为

$$\lim_{k\to\infty}x_k=x \quad 或 \quad x_k\to x \quad (k\to\infty).$$

显然,若令 $x_k=(\xi_1^{(k)},\xi_2^{(k)},\cdots,\xi_n^{(k)}), x=(\xi_1,\xi_2,\cdots,\xi_n)$,则 $x_k\to x$ 的充分必要条件是对每个 j,实数列 $\xi_j^{(k)}\to\xi_j(k\to\infty)$.

4) 距离空间的概念

关于距离问题,我们有更一般的推广,这就是距离空间. 设 X 是一个非空集合,若对 X 中的任意两个元素 x 与 y 有一个确定的实数与之对应,记为 $d(x,y)$,如果对任意的 $x,y,z\in X$,它满足下述三条性质:

(1) $d(x,y)\geqslant 0$,且 $d(x,y)=0\Leftrightarrow x=y$;

(2) $d(x,y)=d(y,x)$;

(3) $d(x,y)\leqslant d(x,z)+d(z,y)$,

则称 d 是 X 中的一个距离,称 (X,d) 为**距离空间**.

为了简洁,通常也称集合 X 为距离空间. 此时它的距离是明确的,只是为了简洁,不把距离写出来而已.

由上述定义可知 $\mathbb{R}^n$ 就是一个距离空间,其中距离 $d(x,y)=|x-y|$. 此时我们称 $\mathbb{R}^n$ 为 n 维欧氏空间.

令 $X=\{f:f(x)$ 在 $[a,b]$ 上连续$\}$ 是闭区间上的连续函数组成的集合,定义

$$d(f,g)=\max_{a\leqslant x\leqslant b}|f(x)-g(x)|.$$

容易验证在此距离 d 下,X 是一个距离空间. 这是一个非常重要的距离空间,通常记为 $C[a,b]$.

再定义 $d_1(f,g)=\int_a^b|f(x)-g(x)|\mathrm{d}x$,则 (X,d_1) 也是一个距离空间. 注意这里的积分是指 Riemann 积分.

上述分析说明同一个集合可以定义不同的距离. 不同的距离会导致空间有非常大的区别,但这些问题是泛函分析课程中的重要问题,那里将会进一步讨论,这里我们就不多叙.

需要注意的是,本节的许多概念和结论虽然都是对欧氏空间 $\mathbb{R}^n$ 给出的,但是很容易推广到一般的距离空间,希望读者在以后的学习中多加留意.

2.2　邻域·区间·有界集

1) 邻域

邻域是一个重要的拓扑概念,下面我们介绍 $\mathbb{R}^n$ 中邻域的定义.

定义 2.3 设 $x \in \mathbb{R}^n, \delta > 0$,我们称点集
$$B(x, \delta) = \{y \in \mathbb{R}^n : |y - x| < \delta\}$$
为 $\mathbb{R}^n$ 中以 x 为中心、δ 为半径的**邻域**或**开球**,而称
$$\bar{B}(x, \delta) = \{y : |y - x| \leqslant \delta\}$$
为以 x 为中心、δ 为半径的**闭球**.

2) 区间

$\mathbb{R}^n$ 中的区间概念是直线上区间或者平面上矩形概念的推广.

定义 2.4 设 $a_i < b_i, i = 1, \cdots, n$,称点集
$$I = \{x = (\xi_1, \xi_2, \cdots, \xi_n) : a_i < \xi_i < b_i, i = 1, \cdots, n\}$$
为 $\mathbb{R}^n$ 中的**开矩体**或**开区间**,$b_i - a_i (i = 1, \cdots, n)$ 称为区间 I 的**边长**,
$$|I| \triangleq \prod_{i=1}^{n} (b_i - a_i)$$
称为区间 I 的**体积**.

用直积记号来表示,有
$$I = (a_1, b_1) \times (a_2, b_2) \times \cdots \times (a_n, b_n) = \prod_{j=1}^{n} (a_j, b_j).$$

类似地,$\prod\limits_{j=1}^{n} (a_j, b_j]$,$\prod\limits_{j=1}^{n} [a_j, b_j)$ 和 $\prod\limits_{j=1}^{n} [a_j, b_j]$ 分别称为 $\mathbb{R}^n$ 中的**左开右闭区间**、**左闭右开区间**和**闭区间**.

关于开球和开区间的定义,见图示 2.2.

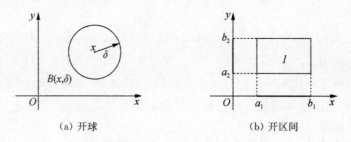

(a) 开球   (b) 开区间

图 2.2 开球和开区间的定义

3) 有界集

有界集是一类特殊的点集,其中的点不会出现在无穷远的地方.准确地说,有下列定义:

定义 2.5 设 E 是一个点集,如果存在 $M > 0$,使得对所有 $x \in E$,都有
$$|x| < M,$$

则称 E 为**有界集**.

显然,E 是有界集的充分必要条件是它包含在一个以原点为中心、δ 为半径的邻域内,即 $E \subset B(0,\delta)$.

定义 2.6 设 E 是一个点集,称 $\mathrm{diam}(E) = \sup\{|x-y| : x,y \in E\}$ 为点集 E 的**直径**.

点集的直径是衡量这个集合在空间 $\mathbb{R}^n$ 中最大跨度的一个量. 有的集合,它的体积或者说它占有的空间可能并不大,但它的直径会很大,如又长又细的条形状点集. 显然,E 是有界集的充分必要条件是 $\mathrm{diam}(E) < \infty$.

2.3 聚点 · 导集 · 孤立点

1) 聚点与导集

定义 2.7 设 $E \subset \mathbb{R}^n$,$x \in \mathbb{R}^n$,若存在 E 中的互异点列 $\{x_k\}$,使得
$$\lim_{k \to \infty} x_k = x,$$
则称 x 为 E 的**聚点**,E 的所有聚点构成的集合记为 E',称为 E 的**导集**.

所谓 E 的聚点,直观上就是能聚集 E 中无穷多个点的点. 显然,有限集不存在聚点.

定理 2.1 设 $E \subset \mathbb{R}^n$,则下列结论等价:

(1) x 是 E 的聚点;

(2) 对任意的 $\delta > 0$,有 $(B(x,\delta) \setminus \{x\}) \cap E \neq \varnothing$;

(3) 存在点列 $x_k \in E$,$x_k \neq x$,$\forall k \geqslant 1$,使得 $x_k \to x$.

证明 先证明 (1) 与 (2) 等价. 若 $x \in E'$,则存在 E 中的互异点列 $\{x_k\}$,使得 $x_k \to x$,$k \to \infty$. 从而可知,对任意 $\delta > 0$,存在 k_0,当 $k \geqslant k_0$ 时有 $0 < |x_k - x| < \delta$,故
$$x_k \in (B(x,\delta) \setminus \{x\}) \cap E, \quad \forall k \geqslant k_0.$$
反之,若对任意 $\delta > 0$,有 $(B(x,\delta) \setminus \{x\}) \cap E \neq \varnothing$. 令 $\delta_1 = 1$,可取 $x_1 \in E$,$x_1 \neq x$ 且 $|x - x_1| < 1$;令 $\delta_2 = \min\left\{|x-x_1|, \dfrac{1}{2}\right\}$,可取 $x_2 \in E$,$x_2 \neq x$ 且 $|x - x_2| < \delta_2 \leqslant \dfrac{1}{2}$.

重复这一做法,就可得到 E 中的互异点列 $\{x_k\}$,使得 $|x - x_k| < \dfrac{1}{k}$,从而有 $x_k \to x$. 这说明 $x \in E'$.

(2) 与 (3) 的等价性比较简单,我们把它的证明留给读者. $\qquad \square$

此定理说明,E 的聚点是这样一种点:在它的周围任意近的地方都聚集着 E 中无穷多个点.

定理 2.2 $\mathbb{R}^n$ 中任意有界无限点集 E 至少有一个聚点.

证明 既然 E 是无限点集,现从 E 中取出互异点列 $\{x_k = (\xi_1^{(k)}, \xi_2^{(k)}, \cdots, \xi_n^{(k)})\}$. 显然,点列 $\{x_k\}$ 是有界的,而且对于任意的 $1 \leqslant i \leqslant n$, $\{\xi_i^{(k)}\}_{k \geqslant 1}$ 是有界数列. 又根据 Bolzano-Weierstrass 定理,从 $\{\xi_1^{(k)}\}$ 中可选出一个收敛子列 $\{\xi_1^{(k_j^1)}\}$;再考察 $\{\xi_2^{(k_j^1)}\}$,同理可以从中选出一个收敛子列 $\{\xi_2^{(k_j^2)}\}$. 重复上述做法,至第 n 步,可得到 $\{\xi_n^{(k)}\}$ 的一个收敛子列 $\{\xi_n^{(k_j^n)}\}$. 由于 $\{k_j^n\}_{j \geqslant 1}$ 是每一个 $\{k_j^i\}_{j \geqslant 1} (i = 1, 2, \cdots, n-1)$ 的子列,从而对任意 $i = 1, 2, \cdots, n$, $\{\xi_i^{(k_j^n)}\}_{j \geqslant 1}$ 都收敛. 这样 $\{x_{k_j^n}\}_{j \geqslant 1}$ 是 $\{x_k\}_{k \geqslant 1}$ 的收敛子列,其极限就是 E 的一个聚点. □

2) 导集的运算性质

定理 2.3 $(E_1 \cup E_2)' = E_1' \cup E_2'$.

证明 因为 $E_1 \subset E_1 \cup E_2$, $E_2 \subset E_1 \cup E_2$,所以
$$E_1' \subset (E_1 \cup E_2)', \quad E_2' \subset (E_1 \cup E_2)',$$
从而有 $E_1' \cup E_2' \subset (E_1 \cup E_2)'$. 下面我们证明 $E_1' \cup E_2' \supset (E_1 \cup E_2)'$.

若 $x \in (E_1 \cup E_2)'$,则存在 $E_1 \cup E_2$ 中的互异点列 $\{x_k\}$,使得
$$\lim_{k \to \infty} x_k = x.$$
显然,集合 E_1 和 E_2 中至少有一个含有 $\{x_k\}$ 中无穷多个点,于是存在 $\{x_k\}$ 的子列 $\{x_{k_j}\}$ 使得它完全属于 E_1 或 E_2. 不妨设 $\{x_{k_j}\} \subset E_1$. 因为 $x_{k_j} \to x$,所以有
$$x \in E_1' \subset E_1' \cup E_2',$$
这说明 $(E_1 \cup E_2)' \subset E_1' \cup E_2'$. □

3) 孤立点

孤立点与聚点的意义正好相反,就是该点附近没有其它点,只有这一点.

定义 2.8 设 $E \subset \mathbb{R}^n$, $x \in E$,若 x 不是 E 的聚点,则称它为 E 的**孤立点**.

显然,如图 2.3 所示,x 为 E 的孤立点的充分必要条件是存在 $\delta > 0$,使得
$$B(x, \delta) \cap E = \{x\}.$$

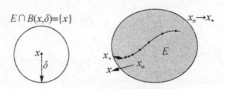

图 2.3 孤立点与聚点

例 2.1 考虑 $E = \left\{1, \frac{1}{2}, \cdots, \frac{1}{k}, \cdots\right\} \subset \mathbb{R}$,则 $E' = \{0\}$,且 $\frac{1}{k} (k \in \mathbb{N}^*)$ 均为 E 的孤立点.

注 2.1　E 的聚点可能是 E 中的点,也可能不是 E 中的点,但 E 的孤立点一定在 E 中.

2.4　内点·外点·边界点

设 $E\subset\mathbb{R}^n,x\in\mathbb{R}^n$,下面根据 x 相对于集合 E 的位置,给出内点、外点、边界点的概念.

定义 2.9　若存在 $\delta>0$,使得 $B(x,\delta)\subset E$,则称 x 为 E 的**内点**. E 的内点的全体记为 $\mathring{E}$,称为 E 的**内核**.

定义 2.10　若存在 $\delta>0$,使得 $B(x,\delta)\bigcap E=\varnothing$,则称 x 为 E 的**外点**.

定义 2.11　若 x 既不是 E 的内点,也不是 E 的外点,则称 x 为 E 的**(边)界点**. E 的界点的全体记为 ∂E,称为 E 的**边界**.

注 2.2　x 为 E 的(边)界点的充要条件是对任意的 $\delta>0$,球 $B(x,\delta)$ 中总有 E 中的点,也有 E 外的点,即 $E\bigcap B(x,\delta)\neq\varnothing,E^c\bigcap B(x,\delta)\neq\varnothing$. 此外,$E$ 的界点可以在 E 中,也可以不在 E 中.

例 2.2　若 $E=B(x,\delta)$,则 E 的内点为 $\{y\in\mathbb{R}^n:|y-x|<\delta\}$,外点为 $\{y\in\mathbb{R}^n:|y-x|>\delta\}$,界点为 $\{y\in\mathbb{R}^n:|y-x|=\delta\}$. 而闭球 $\bar{B}(x,\delta)$ 与开球 $B(x,\delta)$ 有相同的内点、外点和界点.

关于集合 E 的内点、界点、外点,见图示 2.4. 其中,· 表示 E 中的点;。表示 E 外的点; $*$ 表示 E 的界点,它可能在 E 中,也可能在 E 外.

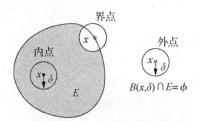

图 2.4　集合 E 的内点、界点和外点

2.5　开集·闭集·完备集

1）开集

开集是一个非常重要的拓扑概念. 在欧氏空间中开集是一类具有特殊结构的集合,它的每一点都是内点.

定义 2.12 设 $E \subset \mathbb{R}^n$,若 E 的每一点都是内点,即 $E = \mathring{E}$,则称 E 为**开集**.

下面介绍开集的运算性质.

定理 2.4(开集的运算性质)

(1) 若 $\{E_\lambda : \lambda \in \Lambda\}$ 是开集族,则其并集 $\bigcup\limits_{\lambda \in \Lambda} E_\lambda$ 是开集;

(2) 若 $E_k(k=1,2,\cdots,m)$ 都是开集,则其交集 $\bigcap\limits_{k=1}^{m} E_k$ 是开集.

证明 (1) 是显然的,我们只证明(2).

设 $x \in \bigcap\limits_{k=1}^{m} E_k$,则 $x \in E_k$. 而 E_k 是开的,所以存在 $\delta_k > 0$ 使得 $B(x, \delta_k) \subset E_k$. 再令 $\delta = \min\{\delta_1, \delta_2, \cdots, \delta_m\}$,则 $B(x, \delta) \subset B(x, \delta_k) \subset E_k$,从而 $B(x, \delta) \subset \bigcap\limits_{k=1}^{m} E_k$. 即 $\bigcap\limits_{k=1}^{m} E_k$ 是开集. $\square$

2) 闭集

所谓闭集,是指关于该集合中的点列的极限运算是封闭的集合,即该集合中的点列的极限仍然在此集合中.

定义 2.13 设 $E \subset \mathbb{R}^n$,若 $E' \subset E$,则称 E 为**闭集**. 记 $\bar{E} = E \cup E'$,称 $\bar{E}$ 为 E 的**闭包**.

显然,E 为闭集的充要条件是 $\bar{E} = E$.

定理 2.5 对于任意集合 E,我们有 E' 和 $\bar{E}$ 都是闭集.

证明 设 $x \in (E')'$,则存在 $x_n \in E', x_n \neq x, \forall n \geq 1$,使得 $x_n \to x$. 由聚点性质,存在 $y_n \in E$ 使得 $|y_n - x_n| < |x_n - x|$. 显然 $y_n \neq x$. 又 $|y_n - x| \leq 2|x_n - x|$,从而 $y_n \to x$. 这样由定理 2.1,$x \in E'$. 于是 $(E')' \subset E'$,所以 E' 是闭集.

又 $(\bar{E})' = E' \cup (E')' \subset E' \subset \bar{E}$,所以 $\bar{E}$ 也是闭集. $\square$

由聚点的性质容易得到下面的定理:

定理 2.6 E 是闭集的充要条件是对任意点列 $\{x_n\} \subset E$,若 $x_n \to x$,则 $x \in E$.

例 2.3 开球 $B(x, r)$ 是开集,闭球 $\bar{B}(x, r)$ 是闭集.

注 2.3 规定空集既是开集,也是闭集,从而 $\mathbb{R}^n$ 既是开集,也是闭集.

例 2.4 若 $f(x)$ 是定义在 $\mathbb{R}^n$ 上的连续函数,则对任意 $a \in \mathbb{R}$,点集 $\{x : f(x) < a\}$ 是开集,而 $\{x : f(x) \leq a\}$ 是闭集.

该例由连续函数及开集、闭集的性质容易证明,这里省略. 这个例子说明了我们可以利用开集、闭集的概念来刻画连续函数,在习题 2 第 8 题中我们可以看到例子中的结论还是连续函数的充分必要条件.

下面考虑开集和闭集的相互对偶关系,这就是下面的定理.

定理 2.7（开集和闭集的对偶关系）

(1) E 是闭集的充分必要条件是其余集 E^c 是开集；

(2) E 是开集的充分必要条件是其余集 E^c 是闭集.

证明 我们只要证(1).

必要性：设 E 是闭集，下证 E^c 是开集. 设 $x \in E^c$. 如果 x 不是 E^c 的内点，则对任意开球 $B(x, \delta)$，有 $B(x, \delta) \bigcap E \neq \varnothing$. 又 $x \notin E$，故 x 必是 E 的聚点，从而 $x \in E$. 矛盾.

充分性：设 E^c 是开集，下证 E 是闭集. 设 x 是 E 的聚点. 如果 $x \notin E$，则 $x \in E^c$. 又 E^c 是开集，存在 $B(x, \delta) \subset E^c$，于是

$$(B(x, \delta) \backslash \{x\}) \bigcap E = B(x, \delta) \bigcap E = \varnothing,$$

与 $x \in E'$ 矛盾. 这说明 $x \in E$，从而 E 是闭集. □

再结合定理 1.3 中 De Morgan 公式，立即有下面关于闭集的运算性质.

定理 2.8（闭集运算性质）

(1) 若 $E_1, E_2, \cdots, E_m$ 是闭集，则其并集 $\bigcup_{k=1}^{m} E_k$ 也是闭集；

(2) 若 $\{E_\lambda : \lambda \in \Lambda\}$ 是闭集族，则其交集 $\bigcap_{\lambda \in \Lambda} E_\lambda$ 是闭集.

注 2.4 无穷多个开集的交集不一定是开集，无穷多个闭集的并集不一定是闭集. 例如，令

$$F_k = \left[\frac{1}{k}, 1\right] \subset \mathbb{R}, \quad k = 1, 2, \cdots,$$

则有 $\bigcup_{k=1}^{\infty} F_k = (0, 1]$.

3) 完备集

完备集是一类特殊的闭集，该闭集没有孤立点.

定义 2.14 若 $E \subset E'$，称 E 为**自密集**；若 $E' = E$，则称 E 为**完备集**或**完全集**.

换句话说，没有孤立点的集合就是自密集，例如开集就是自密集；没有孤立点的闭集就是完备集，完备集就是自密的闭集.

2.6 欧氏空间中的紧性

紧性是一个很重要的概念，在研究空间性质时经常用到. 为了讨论这个问题，我们首先推广 $\mathbb{R}$ 中的闭区间套定理.

定理 2.9（Cantor 闭集套定理）

(1) 若 $\{F_k\}$ 是 $\mathbb{R}^n$ 中的非空有界递减闭集列，则 $\bigcap_{k=1}^{\infty} F_k \neq \varnothing$；

(2) 在上述结论(1)中，如果还有

$$\mathrm{diam}(F_k)\to 0, \quad k\to\infty,$$

则存在唯一 x 使得 $x\in F_k$，$\forall k\geqslant 1$.

证明 （1）若在 $\{F_k\}$ 中有无穷多个相同的集合，则存在正整数 k_0，当 $k\geqslant k_0$ 时，有 $F_k=F_{k_0}$. 此时

$$\bigcap_{k=1}^{\infty}F_k=F_{k_0}\neq\varnothing.$$

现在我们不妨假定对一切 k，F_{k+1} 是 F_k 的真子集，那么 $F_k-F_{k+1}\neq\varnothing$. $\forall k\geqslant 1$，取 $x_k\in F_k-F_{k+1}$，则 $\{x_k\}$ 是 $\mathbb{R}^n$ 中的有界互异点列. 根据 Bolzano-Weierstrass 定理可知，存在 $\{x_k\}$ 的子列 $\{x_{k_j}\}$ 以及 $x\in\mathbb{R}^n$，使得 $\lim\limits_{j\to\infty}x_{k_j}=x$. 由于每个 F_k 都是闭集，而当 j 充分大时有 $x_{k_j}\in F_k$，故知 $x\in F_k(k=1,2,\cdots)$，即 $x\in\bigcap\limits_{k=1}^{\infty}F_k$.

（2）如果有两个不同的点 x,y 使得 $\{x,y\}\subset F_k$，$\forall k\geqslant 1$，则

$$\mathrm{diam}(F_k)\geqslant |x-y|>0, \quad \forall k\geqslant 1.$$

与 $\mathrm{diam}(F_k)\to 0$ 矛盾. $\qquad\square$

定理 2.10（Heine-Borel 有限子覆盖定理） $\mathbb{R}^n$ 中有界闭集的任一开覆盖均含有一个有限子覆盖.

证明 设 A 是 $\mathbb{R}^n$ 中的有界闭集，$\{G_\alpha\}$ 是 A 的一个开覆盖.

用反证法，假如 A 不能被 $\{G_\alpha\}$ 的有限子覆盖所覆盖. 取一个闭的方矩体 I（即每个边长相同）使得 $A\subset I$，则 $I=\bigcup\limits_{1\leqslant j\leqslant 2^n}I_j$，其中 $\{I_j:j=1,2,\cdots,2^n\}$ 是 2^n 个边长为 I 的边长的 $\dfrac{1}{2}$ 的闭的方矩体. 令 $A_j=A\bigcap I_j$，则 A_j 都是有界闭集，且 $A=\bigcup\limits_{1\leqslant j\leqslant 2^n}A_j$，故至少有一个 A_{j_1}，记为 F_1，使得它不能被有限个 $\{G_\alpha\}$ 覆盖. 又 $F_1\subset I_{j_1}$，且 $\mathrm{diam}(F_1)\leqslant\dfrac{1}{2}\mathrm{diam}(I)$. 将 F_1,I_{j_1} 分别作为 A,I，重复上述做法，我们可得有界闭集 $F_2\subset F_1$，使得它不能被有限个 $\{G_\alpha\}$ 覆盖，并且 $\mathrm{diam}(F_2)\leqslant\dfrac{1}{2}\mathrm{diam}(I_1)$（见图示 2.5）.

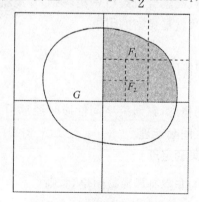

图 2.5 有限子覆盖定理示意

这样得到有界闭集列 $\{F_k\}$，它们都不能被有限个 $\{G_\alpha\}$ 覆盖. 此外

$$F_1 \supset F_2 \supset \cdots \supset F_k \supset F_{k+1} \supset \cdots$$

且

$$\mathrm{diam}(F_{k+1}) \leqslant \frac{1}{2}\mathrm{diam}(I_k) \leqslant \cdots \leqslant \frac{1}{2^{k+1}}\mathrm{diam}(I).$$

由定理 2.9，存在唯一 $x \in F_k, \forall k \geqslant 1$. 又 $x \in A \subset \bigcup G_\alpha$，存在开集 G_{α_0} 使得 $x \in G_{\alpha_0}$，从而有一个球 $B(x,r) \subset G_{\alpha_0}$. 取 k 充分大使得 $\mathrm{diam}(F_k) < r$，则 $F_k \subset B(x,r) \subset G_{\alpha_0}$，于是 F_k 就被 G_{α_0} 覆盖. 与上述 F_k 不能被有限个 $\{G_\alpha\}$ 覆盖的取法矛盾. □

注 2.5   在定理 2.9 和定理 2.10 中，有界的条件和闭集的条件是不能减弱的.

定义 2.15   如果 E 的任一开覆盖都存在有限子覆盖，则称 E 为**紧集**.

定理 2.10 告诉我们有界闭集是紧集，下面的定理将告诉我们紧集也是有界闭集，这说明欧氏空间中有界闭集和紧集是等价的.

定理 2.11 $\mathbb{R}^n$ 中紧集必是有界闭集.

证明   设 E 是 $\mathbb{R}^n$ 中紧集，$y \in E^c$. 对于每一个 $x \in E$，取 $0 < r_x < \frac{1}{2}|x-y|$，则

$$B(x,r_x) \bigcap B(y,r_x) = \varnothing.$$

显然 $\{B(x,r_x): x \in E\}$ 是 E 的一个开覆盖，由定理 2.10 可知存在有限子覆盖，设为

$$B(x_1,r_{x_1}), \quad \cdots, \quad B(x_m,r_{x_m}),$$

由此立即可知 E 是有界集.

再令

$$r_0 = \min\{r_{x_1}, \cdots, r_{x_m}\},$$

则 $B(y,r_0) \bigcap E = \varnothing$，即 $B(y,r_0) \subset E^c$. 从而 E^c 是开集，此等价于 E 是闭集. □

注 2.6   定理 2.11 告诉我们，$\mathbb{R}^n$ 中的集合是紧集当且仅当它是有界闭集.

2.7 直线上的开集·闭集·完备集

前面介绍了欧氏空间中的开集、闭集、完备集的概念和基本性质. 对于一维空间 $\mathbb{R}$ 上的开集、闭集、完备集，它们有一些特殊的构造，下面我们来考虑这些问题.

1）开集构造

为了叙述开集构造定理，我们要引进构成区间的概念.

定义 2.16   设 $G \subset \mathbb{R}$ 是开集，若开区间 $(\alpha,\beta) \subset G$，且 $\alpha \notin G, \beta \notin G$，则称 (α,β) 是 G 的一个**构成区间**.

所谓构成区间，是指包含在这个开集中的最大开区间.

定理 2.12 $\mathbb{R}$ 中的非空开集可以表示成有限个或至多可数个互不相交的构

成区间的并集.

证明 本定理的证明可分三步.

(1) 先证明任意两个不同的构成区间不相交. 设(α,β)和(α',β')是G的两个不同的构成区间,若$(\alpha,\beta)\bigcap(\alpha',\beta')\neq\varnothing$,则至少有一个构成区间的端点会落在另一个区间内,从而与构成区间定义矛盾. 这样由第1章中例1.22可知,一个开集的构成区间至多有可数多个.

(2) 再证明对$x_0\in G$,存在G的构成区间(α,β)使得$x_0\in(\alpha,\beta)$. 记G中包含x_0的所有开区间的集合为$\mathcal{A}=\{(\alpha,\beta):x_0\in(\alpha,\beta)\subset G\}$. 显然$\mathcal{A}$是非空的. 令

$$\alpha_0=\inf_{(\alpha,\beta)\in\mathcal{A}}\alpha, \quad \beta_0=\sup_{(\alpha,\beta)\in\mathcal{A}}\beta,$$

现在证明(α_0,β_0)是包含x_0的一个构成区间.

首先证明$(\alpha_0,\beta_0)\subset G$. 显然$\alpha_0<x_0<\beta_0$. 设$x\in(\alpha_0,\beta_0)$,我们不妨设$\alpha_0<x<x_0$ ($x_0<x<\beta_0$的情形类似可证). 由下确界的定义,存在$(\alpha_1,\beta_1)\in\mathcal{A}$使得$\alpha_0\leqslant\alpha_1<x$,于是

$$x\in(\alpha_1,x_0)\subset(\alpha_1,\beta_1)\subset G,$$

这样$(\alpha_0,\beta_0)\subset G$.

下面再证明$\alpha_0\notin G,\beta_0\notin G$,用反证法. 如果$\alpha_0\in G$,则存在开区间

$$(\alpha_0-\delta_0,\alpha_0+\delta_0)\subset G.$$

又由下确界的定义,存在$(\alpha,\beta)\in\mathcal{A}$使得$x_0\in(\alpha,\beta)\subset G$,且$\alpha_0\leqslant\alpha<\alpha_0+\delta_0$,于是$x_0\in(\alpha_0-\delta_0,\beta)\subset G,(\alpha_0-\delta_0,\beta)\in\mathcal{A}$,从而$\alpha_0\leqslant\alpha_0-\delta_0$,矛盾,这说明$\alpha_0\notin G$. 同理可证$\beta_0\notin G$. 这样$(\alpha_0,\beta_0)$是一个构成区间.

(3) 由上述(1)所得结论,令G的构成区间为$\{(\alpha_n,\beta_n)\}_{n=1}^{\infty}$,再由上述(2)所得结论,有

$$G=\bigcup_{n\geqslant1}(\alpha_n,\beta_n). \qquad \square$$

关于开集的构造,可参考下面的图示2.6:

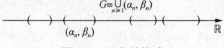

图2.6 开集的构造

2) 闭集构造

为了叙述闭集构造定理,我们引进余区间的定义.

定义2.17 设$F\subset\mathbb{R}$是闭集,则$F^c=\mathbb{R}\setminus F$的构成区间称为$F$的**余区间**或**相邻区间**.

定理2.13 直线上的闭集或者是整个直线,或者是从直线上挖去至多可数多个互不相交的开区间所得到的集合.

3) 完备集构造

完备集是没有孤立点的闭集,也就是没有相邻的余区间的闭集.

4) Cantor(三分)集

下面我们来介绍一个特殊点集——Cantor 集,这种集合常被用来构造一些重要的例子.

将区间$[0,1]$三等分得到三个区间,将中间的区间$\left(\dfrac{1}{3},\dfrac{2}{3}\right)$挖去,剩下部分为

$$F_1=\left[0,\frac{1}{3}\right]\bigcup\left[\frac{2}{3},1\right]=F_1^1\bigcup F_2^1,$$

它由两个小的闭区间$\left[0,\dfrac{1}{3}\right]$以及$\left[\dfrac{2}{3},1\right]$构成. 再将这两个区间重复上述做法,对它们进行三等分,并挖去中间的开区间$\left(\dfrac{1}{9},\dfrac{2}{9}\right)$及$\left(\dfrac{7}{9},\dfrac{8}{9}\right)$,剩下部分为

$$F_2=\left[0,\frac{1}{9}\right]\bigcup\left[\frac{2}{9},\frac{1}{3}\right]\bigcup\left[\frac{2}{3},\frac{7}{9}\right]\bigcup\left[\frac{8}{9},1\right]$$
$$=F_1^2\bigcup F_2^2\bigcup F_3^2\bigcup F_4^2.$$

一般地说,设所得剩余部分为 F_n,它由 2^n 个小的闭区间 $F_j^n,j=1,2,\cdots,2^n$ 构成,即

$$F_n=F_1^n\bigcup F_2^n\bigcup\cdots\bigcup F_{2^n}^n.$$

再将每一个 F_j^n 做三等分,并挖去中间的开区间,剩下部分为 F_{n+1},这样我们得到闭集合列$\{F_n\}$. 作点集 $C=\bigcap\limits_{n=1}^{\infty}F_n$,我们称 C 为 Cantor(三分)集.

关于 Cantor 集的构造,见图示 2.7.

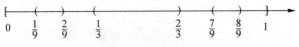

图 2.7　Cantor 集

Cantor 集 C 有下述性质:

(1) C 是非空有界闭集.

因为每个 F_n 都是非空有界闭集,而且 $F_n\supset F_{n+1}$,所以根据闭集套定理,可知 C 是非空的闭集. 事实上,每个 F_n 中每个小的闭区间的端点没有被挖去,都在 C 中.

(2) C 是完备集.

只要证明 C 中没有孤立点,用反证法. 假如 $x_0\in C$ 是孤立点,则存在 $\delta_0>0$,使得$(x_0-\delta_0,x_0+\delta_0)\bigcap C=\{x_0\}$. 又 $x_0\in F_n(n=1,2,\cdots)$,取 n 充分大使得$\dfrac{1}{3^n}<\delta_0$,则

F_n 中有一个包含 x_0 的长度为 $\frac{1}{3^n}$ 的闭区间 $\bar{I}$,使得 $\bar{I} \subset (x_0 - \delta_0, x_0 + \delta_0)$. 此闭区间 $\bar{I}$ 有两个端点且都是 C 的点,因此总有一个不是 x_0,这就说明 $(x_0 - \delta_0, x_0 + \delta_0)$ 中除了 x_0,还有 C 中其它的点,矛盾.

(3) C 无内点.

设 $x_0 \in C$ 是内点,存在 $\delta_0 > 0$,使得 $(x_0 - \delta_0, x_0 + \delta_0) \subset C$. 类似上述推理,当 $\frac{1}{3^n} < \delta_0$ 时,F_n 中有一个包含 x_0 的长度为 $\frac{1}{3^n}$ 的闭区间 $\bar{I}$,使得 $\bar{I} \subset (x_0 - \delta_0, x_0 + \delta_0)$. 而在第 $n+1$ 步时,将挖去 $\bar{I}$ 中间三分开区间,从而 $(x_0 - \delta_0, x_0 + \delta_0) \subset C$ 不可能成立. 这样的矛盾就证明了 C 无内点.

没有内点的闭集称为疏朗集,于是 Cantor 集是疏朗集.

(4) C 具有连续基数 c.

事实上,将 $[0,1]$ 中的实数按三进制小数展开,三进制小数表示 $x = 0.a_1 a_2 \cdots a_n \cdots$ 中,如果存在 $n \geqslant 1$ 使得 $a_n = 1$,这样的数都将在某一步中被挖去. 于是集合 C 中的点 x 的三进制小数表示 $x = 0.a_1 a_2 \cdots a_n \cdots$ 中 $a_n = 0$ 或 2. 这样它又与 $[0,1]$ 上的二进制数一一对应,从而可知 C 为连续基数集.

(5) C 的"长度"为零.

事实上,C 在 $[0,1]$ 中的相邻区间的长度的总和等于被挖去的每个区间长度的和. 而 $[0,1] \backslash C$ 的长度的总和为

$$\sum_{n=1}^{\infty} 2^{n-1} 3^{-n} = 1,$$

这样我们认为 Cantor 集 C 的"长度"就是零.

2.8 $\mathbb{R}^n$ 中开集的构造

上述关于直线上开集构造的结论不能简单地推广到 $\mathbb{R}^n$ 中来,但是我们也有一个重要的结果.

定理 2.14 设 $E \subset \mathbb{R}^n$ 是一个开集,则存在一列两两不相交的左开右闭(或左闭右开)的区间 $\{I_k\}$ 使得 $E = \bigcup_k I_k$.

严格写出上述定理的证明还是有点繁琐的,其实它的证明思路很简单. 下面我们就给出一个严格证明.

证明 首先取坐标为整数的点,将整个空间分成顶点都是这些坐标为整数的点,边长为 1 的两两不相交的左开右闭区间(实际上是左开右闭的方矩体)的并,完全落在开集 E 内的左开右闭区间记为 $I_{1,1}, I_{1,2}, \cdots, I_{1,n_1}$,这里 n_1 可以是 ∞.

然后将原来分划加细,使得原来边长为 1 的每个区间分划为边长是原来的一

半的 2^n 个小的两两不相交的左开右闭区间的并. 这样将空间 $\mathbb{R}^n$ 分划为边长为 $\frac{1}{2}$ 的两两不相交的左开右闭区间的并. 将不在 $I_{1,1}, I_{1,2}, \cdots, I_{1,n_1}$ 中的, 但是又完全落在开集 E 内的这些边长为 $\frac{1}{2}$ 的左开右闭的区间记为 $I_{2,1}, I_{2,2}, \cdots, I_{2,n_2}$, 同样这里 n_2 可以是 ∞.

按此方法, 假设我们得到这样一列完全落在开集 E 内的边长为 $\frac{1}{2^{k-2}}$ 的两两不相交的左开右闭的区间

$$I_{k-1,1}, \ I_{k-1,2}, \ \cdots, \ I_{k-1,n_{k-1}}.$$

按上述做法, 将空间分划为边长为 $\frac{1}{2^{k-1}}$ 的两两不相交的左开右闭的区间, 将不在

$$I_{j,l}, \quad l=1,2,\cdots,n_j; \ j=1,2,\cdots,k-1$$

中的, 但是完全落在 E 中这些左开右闭的区间记为

$$I_{k,1}, \ I_{k,2}, \ \cdots, \ I_{k,n_k}.$$

这样得到一列两两不相交的左开右闭区间

$$\{I_{k,l}: l=1,2,\cdots,n_k; \ k=1,2,\cdots\}.$$

下面我们来证明

$$E = \bigcup_{1 \leqslant k < \infty, \ 1 \leqslant l \leqslant n_k} I_{k,l}.$$

我们只要证明 E 包含在右边的并集中. 因为 E 是开的, 任给 $x_0 \in E$, 存在开球 $B(x_0, r_0) \subset E$. 取 k 充分大, 使得 $\frac{\sqrt{n}}{2^{k-1}} < r_0$, 则在第 k 步分划的边长为 $\frac{1}{2^{k-1}}$ 的左开右闭的小区间中必有一个 $I_{k,l}$ 包含 x_0. 由上述 k 与 r_0 的不等式关系容易看出

$$I_{k,l} \subset B(x_0, r_0),$$

这样 $x_0 \in \bigcup I_{k,l}$, 从而 $E \subset \bigcup I_{k,l}$. □

关于上述证明思路, 见图示 2.8.

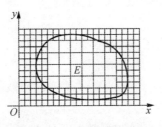

图 2.8 $\mathbb{R}^n$ 中开集的构造

习题 2

A 组

1. 分别给出满足下列条件的集合 E：

(1) $E'=\varnothing$；

(2) $\mathring{E}=\varnothing$；

(3) E 没有孤立点；

(4) E 中的点都是孤立点；

(5) E 的边界点都在 E 中；

(6) E 的边界点都不在 E 中.

2. 设 E_1 是 $[0,1]$ 中的所有无理数组成的点集，求 E_1 在 $\mathbb{R}$ 中的 $E_1',\mathring{E}_1,\bar{E}_1$.

3. 求下列集合的导集、内核和闭包：

(1) 设 $E_2=\{(x,y)\mid x^2+y^2<1\}$，求 E_2 在 $\mathbb{R}^2$ 内的 $E_2',\mathring{E}_2,\bar{E}_2$；

(2) 设 $E_3=\{(x,y,0)\mid x^2+y^2<1\}$，求 E_3 在 $\mathbb{R}^3$ 内的 $E_3',\mathring{E}_3,\bar{E}_3$.

4. 设 E 是函数

$$y=\begin{cases}\sin\dfrac{1}{x}, & x\neq0；\\ 0, & x=0\end{cases}$$

的图形上的点所作成的集合，在 $\mathbb{R}^2$ 内讨论 E 的导集 E' 与内核 $\mathring{E}$.

5. 证明：

(1) 对任意集合 E，E 和 E^c 有相同的界点.

(2) 如果 E 是闭集，则 $\partial E\subset E$；如果 E 是开集，则 $\partial E\subset E^c$.

6. 证明：点集 F 为闭集的充要条件是 $\bar{F}=F$.

7. 考虑数列 $\{a_n\}$，令集合

$$A=\{a\in\mathbb{R}:存在子列\{a_{n_k}\}收敛于 a\},$$

称为数列 $\{a_n\}$ 的极限点集. 证明：A 是闭集.

8. 证明：$f(x)$ 是 $(-\infty,+\infty)$ 上的实值连续函数的充要条件是对于任意常数 a，$\{x:f(x)<a\}$ 是开集，而 $\{x:f(x)\leqslant a\}$ 是闭集.

9. 证明：每个闭集可以表示成可数个开集的交集；每个开集可以表示成可数个闭集的并集.

10. 设 $E\subset\mathbb{R}^n$，若 $E\neq\varnothing,E\neq\mathbb{R}^n$，试证明：$E$ 的边界点集非空，即 $\partial E\neq\varnothing$.

11. 设 G_1,G_2 是 $\mathbb{R}^n$ 中的互不相交的开集，试证明：$G_1\cap\bar{G}_2=\varnothing$.

12. 设 A 是由 $\mathbb{R}^n$ 中的两两互不相交的开集构成的集族,证明: A 至多是可数集.

13. 证明:任意集合的孤立点集至多是可数的.

14. 设 $f(x)$ 是定义在 $\mathbb{R}^n$ 上的实值函数,若对任意的 $t\in\mathbb{R}$,点集
$$\{x:f(x)\geqslant t\} \quad 与 \quad \{x:f(x)\leqslant t\}$$
都是闭集,试证明: $f(x)$ 是 $\mathbb{R}^n$ 上的连续函数.

15. 设 $\varphi(x)=(\varphi_1(x),\varphi_2(x),\cdots,\varphi_n(x))$ 是 $\mathbb{R}^n$ 到 $\mathbb{R}^n$ 上的映射,如果每一个 φ_j, $j=1,2,\cdots,n$ 都是 $\mathbb{R}^n$ 上的连续函数,则称映射 φ 是连续的. 证明: φ 是连续映射的充分必要条件是对任意 $\mathbb{R}^n$ 中的开集 $G,\varphi^{-1}(G)$ 是 $\mathbb{R}^n$ 中的开集.

B 组

16. 设 $\{F_\alpha\}$ 是 $\mathbb{R}^n$ 中的有界闭集族,若任取其中有限个 $F_{\alpha_1},F_{\alpha_2},\cdots,F_{\alpha_m}$,都有
$$\bigcap_{i=1}^{m}F_{\alpha_i}\neq\varnothing,$$
试证明: $\bigcap_\alpha F_\alpha\neq\varnothing$.

17. 设 $\{F_k\}$ 是 $\mathbb{R}^n$ 中的非空闭集列,$x_0\in\mathbb{R}^n$,若
$$\lim_{k\to\infty}d(x_0,F_k)=\infty,$$
试证明: $\bigcup_{k=1}^{\infty}F_k$ 是闭集.

18. 设 $F_1,F_2\subset\mathbb{R}^n$ 是两个互不相交的闭集,试证明:存在开集 G 与 $H,G\supset F_1$, $H\supset F_2$,使得 $G\cap H=\varnothing$.

19. 设 $E\subset\mathbb{R}^n$,若 E' 是可数集,试证明: E 是可数集.

20. 证明: $\mathbb{R}^n$ 中所有开集构成的集族的基数为连续基数.

21. 试问:由 $\mathbb{R}$ 中的一切闭集构成的集族的基数是什么?

22. 设 $\{F_\alpha\}$ 是 $\mathbb{R}^n$ 中的有界闭集族,G 是开集且有 $\bigcap_\alpha F_\alpha\subset G$,试证明: $\{F_\alpha\}$ 中存在 $F_{\alpha_1},F_{\alpha_2},\cdots,F_{\alpha_m}$,使得 $\bigcap_{i=1}^{m}F_{\alpha_i}\subset G$.

23. 证明:一个闭区间不能表示成两个非空不相交的闭集的并.

24. 证明:非空完备集一定是不可数集.

25. 设 F 是 $\mathbb{R}$ 中的可数的非空闭集,试证明: F 必含有孤立点.

26. 证明: $\mathbb{R}^n$ 中存在可列个开球 $\{B_n\}_{n\geqslant1}$,使得对任意开集 E,存在子列 $\{B_{n_k}\}$ 使得 $E=\bigcup_{k\geqslant1}B_{n_k}$(满足这种条件的开球列 $\{B_n\}_{n\geqslant1}$ 称为 $\mathbb{R}^n$ 中一个可数邻域基).

27. 设 $E\subset\mathbb{R}^n$,$\{G_\alpha\}_{\alpha\in\Lambda}$ 是 E 的一个开集族覆盖. 证明:存在至多可数多个开集
$$\{G_{\alpha_k}\}_{k\geqslant1}\subset\{G_\alpha\}_{\alpha\in\Lambda},$$
使得它仍然覆盖 E,即 E 的任意开覆盖有至多可数的子覆盖.

3 Lebesgue 测度

下面我们将要介绍实变函数理论的中心内容——Lebesgue 测度与积分,其中 Lebesgue 测度是 Lebesgue 积分的基础. Lebesgue 测度这个问题源于求几何图形的长度、面积以及体积等基本问题. 原始的长度、面积以及体积概念只对一些特殊的集合,如区间、矩形、矩体来定义的,是衡量这些特殊集合大小的一个量. 利用初等分割,由这些图形经有限次组合或者分解而成的图形也有相应的量. 为了考虑更一般集合的测度,数学家又把这些概念推广到 Jordan 测度. Jordan 测度是一个比较直观的数学概念. 对一个集合 E 来说,首先由平行于坐标面的超平面将整个空间分割成侧面平行于坐标面的边长可以任意小的矩体,与 E 相交的所有这些小的正矩体组成 E 的一个覆盖,这些覆盖 E 的矩体的体积和随着分割越来越细,有个下确界,称为 E 的 Jordan 外测度. 同样,完全落在 E 内的所有这些小的矩体的体积和随着分割越来越细,有个上确界,称为 E 的 Jordan 内测度. 如果 E 的 Jordan 外测度等于 Jordan 内测度,则称 E 是 Jordan 可测的.

事实上关于 Jordan 测度的严格定义,在微积分中定义 Riemann 积分时就已经涉及了,这里我们不再细说. 需要指出的是,Jordan 测度与 Riemann 积分本质上是相同的. 利用 Riemann 积分可以求出的集合的体积值,就是这些集合的 Jordan 测度. 为了直观理解 Jordan 测度,以平面图形为例,如果一个图形可以分割成有限个(如矩形或三角形),则初等的方法可以求出这个图形的面积,而有了微积分的工具,利用 Riemann 积分方法,可以求更广一类集合的面积(例如由连续可微的闭曲线围成的图形的面积).

这样在 Jordan 意义下可测的集合已具有一般性,在实际问题中似乎已够用. 然而在理论上 Jordan 可测有一个严重的缺点——它不具有可列可加性,即一列 Jordan可测的集合,它们的并集不一定 Jordan 可测. 例如闭区间$[0,1]$上的有理数集是一列有理数的并,但是它不是 Jordan 可测的,而每一个有理数都是 Jordan 可测的,其测度为零. 这样,Jordan 可测的集类关于极限运算不是封闭的. 这个缺点称为这种集类不具有完备性,也即 Jordan 测度不具有完备性. 学习 Lebesgue 测度的目的就是要进一步推广长度、面积以及体积概念,扩大 Jordan 可测集的集类,使它具有可列可加性,从而有完备性.

完备性问题在数学上是非常重要的,我们可从实数理论的发展来理解这个问题的实质. 人们将自然数推广到有理数,这是一个比较容易明白的思想. 从应用角度来看,有理数似乎够用了. 但是我们知道有理数集是不可以作无穷运算的(比如说求无穷和),或者说,有理数集关于极限运算是不封闭的. 人们发展实数理论,把无理数补充进来,才使得在实数内可以作无穷运算(无穷和与无穷积),关于极限运算具有封闭性. 实数的这些性质称为实数系的完备性. 关于实数系的完备性有许多等价的原理,如柯西收敛原理. 实数的完备性是数学分析理论的基础,没有实数的完备性,就没有微积分理论. 一般认为,从有理数到实数是数学史上的第一次完备化,而从 Jordan 测度到 Lebesgue 测度和从 Riemann 积分到 Lebesgue 积分是数学史上的又一次完备化. 由此可见实变函数这门课的重要性.

总之,我们希望对 $\mathbb{R}^n$ 中的更一般的点集 E 给予一种度量,它也是长度、面积以及体积概念的推广. 如果记点集 E 的这种度量为 $m(E)$,则自然要求它具有长度、面积以及体积某些常见的性质和满足一定的条件. $m(E)$ 称为 E 的测度,对于 $m(E)$ 我们自然要求下列条件成立:

(1)(非负性) $m(E) \geqslant 0$;

(2)(规范性) 记 $I = \prod\limits_{j=1}^{n} (a_j, b_j)$,则 $m(I) = \prod\limits_{j=1}^{n} (b_j - a_j)$;

(3)(可列可加性) 若 $E_1, E_2, \cdots, E_k, \cdots$ 是一列可测集,则 $\bigcup\limits_{i=1}^{\infty} E_i$ 也是可测的,且当它们互不相交时,有

$$m\Big(\bigcup_{i=1}^{\infty} E_i\Big) = \sum_{i=1}^{\infty} m(E_i).$$

条件(1)和(2)是容易理解的. 对 Jordan 测度而言,条件(1)和(2)都是成立的,但条件(3)是不成立的. 本章我们就是要找寻满足上述条件的度量 m 和相应的可测集类.

3.1 Lebesgue 外测度

为了建立 Lebesgue 测度理论,我们先给出外测度的概念. 如没有特殊说明,本章所考虑的集合都是 $\mathbb{R}^n$ 中的点集.

1) 外测度定义

定义 3.1 设 E 是一个点集,$\{I_k\}$ 是 E 的一列开区间覆盖,即每一个 I_k 都是开区间,并且 $E \subset \bigcup\limits_{k \geqslant 1} I_k$(这样的开区间覆盖有很多),称

$$m^*(E) \triangleq \inf\Big\{\sum_{k \geqslant 1} |I_k| : \{I_k\} \text{ 为 } E \text{ 的开区间覆盖}\Big\}$$

为点集 E 的 Lebesgue **外测度**.

例 3.1 可列点集的外测度为零.

证明 不妨就一维情形证明.设可列点集

$$E=\{x_1,x_2,\cdots,x_k,\cdots\}\subset\mathbb{R}.$$

$\forall\varepsilon>0$,令

$$I_k=\left(x_k-\frac{\varepsilon}{2^{k+1}},x_k+\frac{\varepsilon}{2^{k+1}}\right),$$

则 $|I_k|=\dfrac{\varepsilon}{2^k}$,且 $\{I_k\}$ 是 E 的开区间覆盖.由定义,

$$m^*(E)\leqslant\sum_{k\geqslant1}|I_k|=\varepsilon,$$

从而 $m^*(E)=0$. ☐

例 3.2 设 I 是开区间,$\bar{I}$ 是 I 的闭包,即相应的闭区间,则 $m^*(\bar{I})=|I|$.

证明 事实上,对任给的 $\varepsilon>0$,取一开区间 J,使得 $J\supset\bar{I}$ 且 $|J|<|I|+\varepsilon$,从而有

$$m^*(\bar{I})\leqslant|J|<|I|+\varepsilon,$$

由 ε 的任意性可知 $m^*(\bar{I})\leqslant|I|$.

现在设 $\{I_k\}$ 是 $\bar{I}$ 的任意开区间覆盖.因 $\bar{I}$ 是有界闭集,所以存在 $\{I_k\}$ 的有限子覆盖 $\{I_{i_1},I_{i_2},\cdots,I_{i_l}\}$ 使得

$$\bigcup_{j=1}^{l}I_{i_j}\supset\bar{I}.$$

由初等几何的知识易知

$$|I|\leqslant\sum_{j=1}^{l}|I_{i_j}|\leqslant\sum_{k=1}^{\infty}|I_k|,$$

由此又得 $|I|\leqslant m^*(\bar{I})$.

综上,可得 $m^*(\bar{I})=|I|$. ☐

注 3.1 我们可以这样来理解外测度:对于开区间 I,它的体积 $|I|$ 是原始定义的.我们可以把所有开区间看成是标准的尺子,它们的体积就是标准的刻度.但一般集合 E 不是标准的,我们需设法用标准的尺子来量它,而覆盖 E 的开区间列 $\{I_k\}$ 就是从 E 的外部来量它的一列标准尺子.直观上,$\sum_k|I_k|$ 不比 E 的体积(如果有的话)小.而这种最小的 $\sum_k|I_k|$ 应该是一个不比 E 的体积小的最接近 E 的体积的一个量,这就是 E 的外测度.

2) 外测度性质

下面我们讨论外测度的一些基本性质,特别是次可列可加性.

定理 3.1

(1)（非负性） $m^*(E) \geqslant 0$, $m^*(\varnothing) = 0$;

(2)（单调性） 若 $E_1 \subset E_2$, 则 $m^*(E_1) \leqslant m^*(E_2)$;

(3)（次可列可加性） $m^*\left(\bigcup\limits_{k=1}^{\infty} E_k\right) \leqslant \sum\limits_{k=1}^{\infty} m^*(E_k)$.

证明 结论(1)和(2)易由定义直接得出, 下面证明(3).

不妨设 $\sum\limits_{k=1}^{\infty} m^*(E_k) < \infty$. 对任意的 $\varepsilon > 0$ 以及每个正整数 k, 存在 E_k 的一列开区间覆盖 $\{I_l^{(k)}\}_{l \geqslant 1}$, 使得

$$E_k \subset \bigcup_{l=1}^{\infty} I_l^{(k)}, \quad \sum_{l=1}^{\infty} |I_l^{(k)}| < m^*(E_k) + \frac{\varepsilon}{2^k},$$

由此可知

$$\bigcup_{k=1}^{\infty} E_k \subset \bigcup_{k,l=1}^{\infty} I_l^{(k)}, \quad \sum_{k,l=1}^{\infty} |I_l^{(k)}| \leqslant \sum_{k=1}^{\infty} m^*(E_k) + \varepsilon.$$

这样 $\{I_l^{(k)}\}_{k,l \geqslant 1}$ 是 $\bigcup\limits_{k=1}^{\infty} E_k$ 的一列开区间覆盖, 由外测度定义有

$$m^*\left(\bigcup_{k=1}^{\infty} E_k\right) \leqslant \sum_{k=1}^{\infty} m^*(E_k) + \varepsilon,$$

再由 ε 的任意性, 可知结论(3)成立. $\qquad\square$

例 3.3 若 I 是开(左开右闭或左闭右开)区间, 则 $m^*(I) = |I|$

证明 由定理 3.1 和例 3.2 可知 $m^*(I) \leqslant m^*(\bar{I}) = |I|$. 又对任意 $\varepsilon > 0$, 取一个包含于 I 内的闭区间 $J \subset I$ 使得 $|J| \geqslant |I| - \varepsilon$. 由外测度的单调性, 有

$$m^*(I) \geqslant m^*(\bar{J}) = |J| \geqslant |I| - \varepsilon,$$

再由 ε 的任意性, 可知 $m^*(I) \geqslant |I|$. 结论得证. $\qquad\square$

例 3.4 $[0,1]$ 中的 Cantor 集 C 的外测度是零.

证明 事实上, 因为 $C = \bigcap\limits_{n=1}^{\infty} F_n$, 由构造 C 的过程可知其中的 F_n 是在第 n 步所留下来的 2^n 个长度为 3^{-n} 的闭区间之并集, 所以有

$$m^*(C) \leqslant m^*(F_n) \leqslant 2^n \cdot 3^{-n} \to 0 \quad (n \to \infty),$$

从而可得 $m^*(C) = 0$. $\qquad\square$

3.2 可测集及其运算性质

1) 可测集定义的引入

上述定义的 Lebesgue 外测度, 对每一集合都有确定的值, 且具有非负性和规范性. 但是它仍然不能作为测度, 因为它不满足可列可加性. 有例子说明, 存在互不

相交的集合列 $E_1, E_2, \cdots, E_k, \cdots$，使得

$$m^* \left(\bigcup_{k=1}^{\infty} E_k \right) < \sum_{k=1}^{\infty} m^*(E_k).$$

下面我们通过外测度选出一类集合，使得它们的外测度确实具有可列可加性. 对于这一类集合，我们就可以把它的外测度作为测度. 当然这类集合要包含通常的 Jordan 可测的集合，特别是区间，这样任意区间 I 应当属于这个可测集合类. 因此，若点集 E 也是可测集合的话，则根据可加性应有

$$m^*(I) = m^*(I \cap E) + m^*(I \cap E^c). \tag{3.1}$$

若上述等式对任意区间 I 成立，我们还可以证明：对任意集合 T，有

$$m^*(T) = m^*(T \cap E) + m^*(T \cap E^c). \tag{3.2}$$

引理 3.2 式(3.2)对任意集合 T 成立的充分必要条件是式(3.1)对任意区间 I 成立.

证明 必要性是显然的，我们只要证明充分性.

假设式(3.1)成立. 首先由外测度的次可加性，可知

$$m^*(T) \leqslant m^*(T \cap E) + m^*(T \cap E^c) \tag{3.3}$$

总是成立的. 为了证明结论，我们只要证式(3.3)的反向不等式成立.

事实上，对任给的 $\varepsilon > 0$，由外测度的定义，存在 T 的开区间覆盖 $\{I_k\}$ 使得

$$\sum_{k=1}^{\infty} |I_k| \leqslant m^*(T) + \varepsilon.$$

从而有

$$m^*(T \cap E) + m^*(T \cap E^c)$$

$$\leqslant m^* \left(\left(\bigcup_{k=1}^{\infty} I_k \right) \cap E \right) + m^* \left(\left(\bigcup_{k=1}^{\infty} I_k \right) \cap E^c \right)$$

$$\leqslant \sum_{k=1}^{\infty} \left[m^*(I_k \cap E) + m^*(I_k \cap E^c) \right]$$

$$= \sum_{k=1}^{\infty} m^*(I_k) = \sum_{k=1}^{\infty} |I_k| \leqslant m^*(T) + \varepsilon,$$

再由 ε 的任意性可得

$$m^*(T \cap E) + m^*(T \cap E^c) \leqslant m^*(T). \tag{3.4}$$

综上，充分性成立. □

2) 可测集定义

受上述结论启发，下面我们给出可测集的定义.

定义 3.2 设 $E \subset \mathbb{R}^n$，若对任意子集 $T \subset \mathbb{R}^n$，总有

$$m^*(T) = m^*(T \cap E) + m^*(T \cap E^c), \tag{3.5}$$

则称 E 为 Lebesgue **可测集**,简称 L-**可测**. 记 $m(E) \triangleq m^*(E)$,称为 E 的 Lebesgue **测度**. L-可测集的全体简记为 $\mathcal{M}$,称为 Lebesgue **可测集类**.

上述等式(3.5)也称为 Carathéodory 条件. 有了可测集的定义,下面我们研究可测集的性质与结构. 我们将证明上述定义的 Lebesgue 测度确实满足前面提到的测度的基本条件,且 Lebesgue 可测集类 $\mathcal{M}$ 是相当广的一个集类.

注 3.2 根据可测的定义和引理 3.2 的证明,我们要证明一个点集 E 可测,只要证明不等式(3.4)对任意 T 成立.

注 3.3 L-可测的定义有多种不同的方式,读者可参考有关教材和专著. 例如可以像 Jordan 测度那样,利用内外测度逼近的方法来定义,那样有比较好的几何直观;也可以利用测度延拓的方法来考虑,这样便于理解和推广一般的测度理论. 这里给出的定义形式上比较抽象,但它的理论展开较为简洁,为许多教材所采用.

3) 可测集性质

有了可测的定义,自然想要知道哪些集合是可测的,它们有什么性质. 在研究哪些集可测之前,我们首先研究可测集的一些运算性质,特别是证明可测集类具有可列可加性质.

定理 3.3 若 $E \in \mathcal{M}$,则 $E^c \in \mathcal{M}$.

证明 事实上,对任意 T,由定义有
$$m^*(T) = m^*(T \cap E) + m^*(T \cap E^c)$$
$$= m^*(T \cap E^c) + m^*(T \cap (E^c)^c).$$ □

定理 3.4 $E \in \mathcal{M}$ 的充要条件是对任意 $A \subset E, B \subset E^c$,总有
$$m^*(A \cup B) = m^*(A) + m^*(B).$$

证明 必要性:令 $T = A \cup B$,由定义可得
$$m^*(A \cup B) = m^*(T) = m^*(T \cap E) + m^*(T \cap E^c)$$
$$= m^*(A) + m^*(B).$$

充分性:$\forall T$,令 $A = T \cap E, B = T \cap E^c$,由条件立即可得式(3.5)成立. □

定理 3.5 若 $E_1 \in \mathcal{M}, E_2 \in \mathcal{M}$,则 $E_1 \cup E_2 \in \mathcal{M}$.

证明 由 E_1 和 E_2 的可测性得
$$m^*(T) = m^*(T \cap E_1) + m^*(T \cap E_1^c)$$

和
$$m^*(T \cap E_1^c) = m^*(T \cap E_1^c \cap E_2) + m^*(T \cap E_1^c \cap E_2^c).$$

首先注意到
$$T \cap E_1^c \cap E_2^c = T \cap (E_1 \cup E_2)^c,$$

又令 $A = T \cap E_1, B = T \cap E_1^c \cap E_2$,则容易知道

$$A \subset E_1, \quad B \subset E_1^c, \quad A \cup B = T \cap (E_1 \cup E_2),$$

则由上述定理 3.4 可得

$$m^*(T \cap E_1) + m^*(T \cap E_1^c \cap E_2) = m^*(T \cap (E_1 \cup E_2)),$$

再结合上述各式有

$$m^*(T) = m^*(T \cap (E_1 \cup E_2)) + m^*(T \cap (E_1 \cup E_2)^c).$$ □

推证 3.6 若 $E_1, E_2, \cdots, E_n$ 都可测,则 $E_1 \cup E_2 \cup \cdots \cup E_n$ 可测. 此外,若它们还是两两不相交的,即 $E_i \cap E_j = \varnothing, i \neq j$,则对任意 T,有

$$m^*\left(T \cap \left(\bigcup_{i=1}^{n} E_i\right)\right) = \sum_{i=1}^{n} m^*(T \cap E_i).$$

证明 由定理 3.5,结论的第一部分是显然的.

关于结论的第二部分,不妨只证明 $n=2$ 的情形,即证明

$$m^*(T \cap (E_1 \cup E_2)) = m^*(T \cap E_1) + m^*(T \cap E_2).$$

令 $A = T \cap E_1, B = T \cap E_2$. 因为 $E_1 \cap E_2 = \varnothing$,所以 $A \subset E_1, B \subset E_1^c$,于是由定理 3.4 得证. □

结合上述定理 3.3、定理 3.4 和定理 3.5,容易得到下列结论:

定理 3.7 若 $E_1 \in \mathcal{M}, E_2 \in \mathcal{M}$,则 $E_1 \cap E_2 \in \mathcal{M}$.

证明 为证 $E_1 \cap E_2$ 是可测集,只需注意 $E_1 \cap E_2 = (E_1^c \cup E_2^c)^c$ 即可. □

推论 3.8 若 $E_1, E_2, \cdots, E_n$ 都可测,则 $E_1 \cap E_2 \cap \cdots \cap E_n$ 可测.

定理 3.9 若 $E_1 \in \mathcal{M}, E_2 \in \mathcal{M}$,则 $E_1 \backslash E_2 \in \mathcal{M}$.

证明 由 $E_1 \backslash E_2 = E_1 \cap E_2^c$,可知 $E_1 \backslash E_2$ 是可测集. □

关于可测集列的无穷并运算,有下面的重要结论:

定理 3.10(可列可加性)

(1) 若 $E_i \in \mathcal{M}(\forall i \geqslant 1)$,且满足 $E_i \cap E_j = \varnothing (i \neq j)$,则其并集 $\bigcup_{i=1}^{\infty} E_i \in \mathcal{M}$,且

$$m\left(\bigcup_{i=1}^{\infty} E_i\right) = \sum_{i=1}^{\infty} m(E_i); \tag{3.6}$$

(2) 若 $E_i \in \mathcal{M}(\forall i \geqslant 1)$,则其并集 $\bigcup_{i=1}^{\infty} E_i \in \mathcal{M}$.

证明 (1) 令

$$S = \bigcup_{i=1}^{\infty} E_i, \quad S_k = \bigcup_{i=1}^{k} E_i, \quad k = 1, 2, \cdots,$$

由推论 3.6 知每个 S_k 都是可测集,从而对任意 T 有

$$m^*(T) = m^*(T \cap S_k) + m^*(T \cap S_k^c)$$

$$= m^*\left(\bigcup_{i=1}^{k} T \cap E_i\right) + m^*(T \cap S_k^c)$$

$$= \sum_{i=1}^{k} m^*(T \cap E_i) + m^*(T \cap S_k^c).$$

由于 $T\cap S_k^c\supset T\cap S^c$,所以

$$m^*(T)\geqslant\sum_{i=1}^k m^*(T\cap E_i)+m^*(T\cap S^c),$$

令 $k\to\infty$,则

$$m^*(T)\geqslant\sum_{i=1}^\infty m^*(T\cap E_i)+m^*(T\cap S^c). \tag{3.7}$$

又由外测度次可加性有

$$m^*(T\cap S)\leqslant\sum_{i=1}^\infty m^*(T\cap E_i),$$

由此可得

$$m^*(T)\geqslant m^*(T\cap S)+m^*(T\cap S^c),$$

这说明 $S\in\mathcal{M}.$

此外,在式(3.7)中取 $T=S$,则

$$m^*(S)\geqslant\sum_{i=1}^\infty m^*(E_i).$$

利用外测度次可加性得到反向的等式,从而有

$$m^*(S)=\sum_{i=1}^\infty m^*(E_i),$$

这样就证明了式(3.6).

(2) 对一般的可测集列 $\{E_i\}$,令

$$F_1=E_1,\quad F_j=E_j\Big\backslash\Big(\bigcup_{i=1}^{j-1}E_i\Big),\quad j\geqslant2,$$

则 $\{F_j\}$ 是互不相交的可测集列. 再由 $\bigcup_{i=1}^\infty E_i=\bigcup_{j=1}^\infty F_j$,可知 $\bigcup_{i=1}^\infty E_i$ 是可测集. □

推论 3.11 若 $E_n(n=1,2,\cdots)$ 均可测,则其交集 $\bigcap_{n=1}^\infty E_n$ 也可测.

从上述定理可知,L-可测集类关于可列并、交、余运算都是封闭的.

4) 单调可测集列

下面我们将证明,对于单调可测集列,求极限运算与求测度运算是可以交换次序的.

定理 3.12 设递增可测集合列 $E_1\subset E_2\subset\cdots\subset E_k\subset\cdots$,则

$$m\Big(\lim_{k\to\infty}E_k\Big)=\lim_{k\to\infty}m(E_k). \tag{3.8}$$

证明 如果存在 k_0,使 $m(E_{k_0})=\infty$,那么定理自然成立. 现在假设对一切 k,有 $m(E_k)<\infty$. 因为 $E_k\in\mathcal{M}(k=1,2,\cdots)$,故 E_{k-1} 与 E_k-E_{k-1} 是互不相交的可测集. 这里 $E_0=\varnothing$. 由测度的可加性知

$$m(E_{k-1}) + m(E_k \backslash E_{k-1}) = m(E_k),$$

因为 $m(E_{k-1})$ 是有限的,所以移项得

$$m(E_k \backslash E_{k-1}) = m(E_k) - m(E_{k-1}),$$

这里注意 $m(E_0) = 0$. 因为

$$\lim_{k \to \infty} E_k = \bigcup_{k=1}^{\infty} E_k = \bigcup_{k=1}^{\infty} (E_k \backslash E_{k-1}),$$

由定理 3.10,我们有

$$m\left(\lim_{k \to \infty} E_k\right) = m\left(\bigcup_{k=1}^{\infty} (E_k \backslash E_{k-1})\right) = \sum_{k=1}^{\infty} (m(E_k) - m(E_{k-1}))$$

$$= \lim_{k \to \infty} \sum_{i=1}^{k} (m(E_i) - m(E_{i-1})) = \lim_{k \to \infty} m(E_k). \qquad \square$$

定理 3.13 设递减可测集合列 $E_1 \supset E_2 \supset \cdots \supset E_k \supset \cdots$, 且 $m(E_1) < \infty$, 则

$$m\left(\lim_{k \to \infty} E_k\right) = \lim_{k \to \infty} m(E_k). \tag{3.9}$$

证明 显然 $\lim_{k \to \infty} E_k$ 是可测集,此外极限 $\lim_{k \to \infty} m(E_k)$ 存在且是有限的. 因为

$$E_1 \backslash E_k \subset E_1 \backslash E_{k+1}, \quad k = 2, 3, \cdots,$$

所以 $\{E_1 \backslash E_k\}$ 是递增集合列. 于是由定理 3.12 可知

$$m\left(E_1 \backslash \lim_{k \to \infty} E_k\right) = m\left(\lim_{k \to \infty} (E_1 \backslash E_k)\right) = \lim_{k \to \infty} m(E_1 \backslash E_k).$$

由于 $m(E_1) < \infty$, 故上式可写为

$$m(E_1) - m\left(\lim_{k \to \infty} E_k\right) = m(E_1) - \lim_{k \to \infty} m(E_k),$$

再消去 $m(E_1)$, 有

$$m\left(\lim_{k \to \infty} E_k\right) = \lim_{k \to \infty} m(E_k). \qquad \square$$

注 3.4 对于可测集列 $\{E_n\}$, $\overline{\lim_{n \to \infty}} E_n$, $\underline{\lim_{n \to \infty}} E_n$, $\lim_{n \to \infty} E_n$ (如果存在) 都是可测的. 综上所述,可测集类关于可列并、交、余运算以及极限运算都是封闭的.

3.3 可测集的构造

上一节我们得到了可测集的运算性质,下面我们研究哪些集合是可测的.

定理 3.14

(1) 若 $m^*(E) = 0$, 则 E 是可测的,且 $m(E) = 0$, 此时称 E 是**零测(子)集**;

(2) 零测集的子集仍是零测集;

(3) 可列个零测集的并仍然是零测集.

证明 只要证(1). 事实上,此时有

$$m^*(T\bigcap E)+m^*(T\bigcap E^c)\leqslant m^*(E)+m^*(T)=m^*(T).\qquad\square$$

注 3.5 规定空集 $\varnothing$ 的测度为 0,这样 $\varnothing$ 是一个特殊的零测集.此外,可数子集都是零测集.

零测集是一类非常重要的特殊可测集,在测度意义下可以忽略不计.事实上,它对一个集合的外测度、测度(如果可测的话)都没有任何影响.具体地说,一个集合并或者去掉一个零测集,对它的可测性以及可测时所具有的测度都不会有任何影响,原来可测的还是可测的,原来不可测的还是不可测.零测集这种可以忽略不计的特性在以后的许多问题中都能反映出来.

定理 3.15 开区间是可测的.

证明 设开区间 $I=(a_1,b_1)\times(a_2,b_2)\times\cdots\times(a_n,b_n)$.由引理 3.2 和例 3.2,只要证明对任意开区间 $\tilde{I}$,有

$$|\tilde{I}|=m^*(\tilde{I}\bigcap I)+m^*(\tilde{I}\bigcap I^c).$$

为直观上起见,不妨就平面 $\mathbb{R}^2$ 的情形进行证明.首先 $I_0=\tilde{I}\bigcap I$ 仍是一个区间,而 $\tilde{I}\bigcap I^c$ 可以分解成至多 4 个互不相交的区间 I_1,I_2,I_3,I_4 的并.这样 $\tilde{I}$ 就分解成至多 5 个区间 $\{I_i:0\leqslant i\leqslant 4\}$(见图示 3.1).

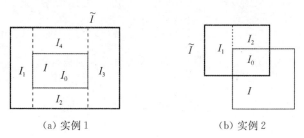

(a) 实例 1   (b) 实例 2

图 3.1 区间 $\tilde{I}$ 的分解

于是

$$m^*(\tilde{I}\bigcap I)=|I_0|,\quad m^*(\tilde{I}\bigcap I^c)\leqslant |I_1|+|I_2|+|I_3|+|I_4|,$$

即

$$m^*(\tilde{I}\bigcap I)+m^*(\tilde{I}\bigcap I^c)\leqslant \sum_{i=0}^{4}|I_i|=|\tilde{I}|.\qquad\square$$

从开区间的可测性证明容易知道,半开半闭区间、闭区间也是可测集,且其测度就是它们的体积;再由开集的构造和可测集运算性质可知,开集、闭集都是可测集.由此可见,L-可测集类中包含了许多我们熟悉的集合,这也是我们所期望的.

定理 3.16 开集、闭集都是可测集.

定义 3.3 通过对开区间作至多可列次并、交、余运算所得到的集合称为 Borel 集.所有 Borel 集构成的集类记为 $\mathscr{B}$.

注 3.6 一切开集、闭集都是 Borel 集,一切 Borel 集皆为可测集.

为了进一步刻画可测集的构造,下面再定义两种集合——G_δ 型集和 F_σ 型集.

定义 3. 4 设 $G \subset \mathbb{R}^n$，如果有一列开集 G_j 使得 $G = \bigcap_{j=1}^{\infty} G_j$，则称 G 是 G_δ 型集.

定义 3. 5 设 $F \subset \mathbb{R}^n$，如果有一列闭集 F_j 使得 $F = \bigcup_{j=1}^{\infty} F_j$，则称 F 是 F_σ 型集.

显然，G_δ 型集和 F_σ 型集都是 Borel 集，从而都是可测的.

Borel 集是一类具有好的结构的集合. 下面我们讨论一般可测集与 Borel 集的关系，这些关系揭示出可测集的某种结构，将有助于进一步了解可测集的性质.

定理 3. 17 若 $E \in \mathcal{M}$，则对任给的 $\varepsilon > 0$，下列两个结论成立：

(1) 存在开集 G，使得 $G \supset E$，且 $m(G \backslash E) < \varepsilon$；

(2) 存在闭集 F，使得 $F \subset E$，且 $m(E \backslash F) < \varepsilon$.

证明 (1)首先考虑 $m(E) < \infty$ 的情形. 由外测度的定义知，存在 E 的开区间覆盖 $\{I_k\}$，使得 $\sum_{k=1}^{\infty} |I_k| < m(E) + \varepsilon$. 令 $G = \bigcup_{k=1}^{\infty} I_k$，则 G 是包含 E 的开集，且

$$m(G) < m(E) + \varepsilon.$$

因为 $m(E) < \infty$，所以 $m(G \backslash E) = m(G) - m(E) < \varepsilon$.

当 $m(E) = \infty$ 时，我们转化为有限情形来考虑. 令

$$E_k = E \bigcap \{x : k-1 \leqslant |x| < k\}, \quad E = \bigcup_{k=1}^{\infty} E_k.$$

因为 $m(E_k) < \infty (k = 1, 2, \cdots)$，所以对任给的 $\varepsilon > 0$，存在包含 E_k 的开集 G_k，使得 $m(G_k \backslash E_k) < \dfrac{\varepsilon}{2^k}$. 再令 $G = \bigcup_{k=1}^{\infty} G_k$，则 $G \supset E$ 且为开集. 容易看到

$$G \backslash E \subset \bigcup_{k=1}^{\infty} (G_k \backslash E_k),$$

从而得

$$m(G \backslash E) \leqslant \sum_{k=1}^{\infty} m(G_k \backslash E_k) \leqslant \sum_{k=1}^{\infty} \frac{\varepsilon}{2^k} = \varepsilon.$$

(2) 考虑 E 的余集 E^c，由结论(1)可知对任给的 $\varepsilon > 0$，存在包含 E^c 的开集 G，使得 $m(G \backslash E^c) < \varepsilon$. 令 $F = G^c$，显然 F 是闭集，且 $F \subset E$. 因为 $E \backslash F = G \backslash E^c$，所以

$$m(E \backslash F) < \varepsilon.$$

定理 3. 18 若 E 可测，则下列结论成立：

(1) 存在 G_δ 型集 G，使得 $E \subset G$，并且 $m(G \backslash E) = 0$；

(2) 存在 F_σ 型集 F，使得 $F \subset E$，并且 $m(E \backslash F) = 0$.

证明 (1) 任给 $k \geqslant 1$，由定理 3.17 结论(1)可知，存在开集 $G_k \supset E$，使得

$$m(G_k \backslash E) < \frac{1}{k}.$$

令 $G = \bigcap_{k=1}^{\infty} G_k$，则 G 为 G_δ 集，且 $E \subset G$. 因为对一切 k，都有 $E \subset G \subset G_k$，所以

$$m(G \backslash E) \leqslant m(G_k \backslash E) < \frac{1}{k}, \quad \forall k \geqslant 1,$$

这样必须 $m(G \setminus E) = 0$.

（2）完全类似于定理 3.17 结论（2）的证明，请读者自行完成. □

上述定理 3.17 和定理 3.18 说明了 Lebesgue 可测集与 Borel 集的关系. 在测度意义下，对一个可测集，从外部，可用开集任意逼近它，用 G_δ 型集完全逼近它；从内部，可用闭集任意逼近它，用 F_σ 型集完全逼近它. 这样，一般的可测集与有直观感觉的 G_δ 型集和 F_σ 型集就差一个零测集.

定理 3.19 若 E 可测，则

（1）$m(E) = \inf\{m(G): G \supset E,$ 且 G 是开集$\}$；

（2）$m(E) = \sup\{m(K): K \subset E,$ 且 K 是紧集$\}$.

证明 （1）显然有 $m(G) \geqslant m(E)$. 如果 $m(E) = \infty$，那么结论显然成立，所以设 $m(E) < \infty$. 又根据下确界的定义，只需要证明对任意 $\varepsilon > 0$，存在开集 $G \supset E$，使得 $m(G) \leqslant m(E) + \varepsilon$. 由定理3.17，这显然成立.

（2）同理，只需证明存在紧集 $K_n \subset E$，使得 $m(K_n) \to m(E)$，$n \to \infty$. 由定理 3.17，存在闭集 $F_n \subset E$，使得 $m(E \setminus F_n) \leqslant \dfrac{1}{n}$.

若 $m(E) = \infty$，则 $m(F_n) = \infty$. 令 $K_j = F_n \bigcap \bar{B}(0,j)$，则 $K_j \subset F_n \subset E$ 是有界闭集，从而紧. 此外，$\{K_j\}$ 是单调增加集列并收敛于 F_n，所以

$$m(K_j) \to m(F_n) = \infty = m(E).$$

若 $m(E) < \infty$，则 $m(F_n) < \infty$. 存在 K_{j_n} 使得 $m(F_n \setminus K_{j_n}) \leqslant \dfrac{1}{n}$，于是

$$m(E \setminus K_{j_n}) \leqslant m(E \setminus F_n) + m(F_n \setminus K_{j_n}) \leqslant \dfrac{2}{n},$$

从而 $m(K_{j_n}) \to m(E)$，$n \to \infty$. □

3.4 不可测集

从已知的结论可知，一些常见的集合通常可以从区间出发，经过一系列并、交、余等运算来获得. 而这样的集都是 Borel 集，当然是 L-可测的，因此直观上给出一个不可测集是很困难的. 在本节中我们仅对一维的情形构造一个不是 L-可测的集合，而构造这样的不可测集需要先了解 Lebesgue 测度的平移不变性.

对于任何一个实数 α，作映射 $\tau_\alpha: x \to x + \alpha$，这是直线上的一个平移变换. 一个集 $E \subset \mathbb{R}$，经过平移 α 后所得的集合记为 $\tau_\alpha E = \{x + \alpha: x \in E\}$. 下面的定理说明任意一个集合经过平移后外测度是不变的，从而一个集合的可测性在平移下也是不变的.

定理 3.20 对任何集 $E \subset \mathbb{R}$，有 $m^*(E) = m^*(\tau_\alpha E)$，且当 E 为 L-可测时，$\tau_\alpha E$ 也为 L-可测的.

该结论直观上是显然的,详细的证明留给读者.

下面我们利用测度的平移不变性来构造一个不可测集.思路是这样的:

构造一个集 Z,使得存在一列数 $r_1,r_2,\cdots,r_n,\cdots$,经平移变换 τ_{r_n} 后得到的集列 $Z_n=\tau_{r_n}Z$ 满足下面的性质:

$$[0,1]\subset\bigcup_{n=1}^{\infty}Z_n\subset[-1,2],$$

且 $\{Z_n\}$ 是一列互不相交的集列.

如果找到这样的 Z,那么它一定不是 L-可测集.因为如果 Z 可测,那么 Z_n 也可测,且 $m(Z_n)=m(Z)$.又 Z_n 是两两不相交的,所以

$$m\Big(\bigcup_{n=1}^{\infty}Z_n\Big)=\sum_{n=1}^{\infty}m(Z_n)=\sum_{n=1}^{\infty}m(Z),$$

因此由测度的单调性可知

$$1\leqslant m\Big(\bigcup_{n=1}^{\infty}Z_n\Big)\leqslant3,$$

这样,无论 $m(Z)=0$,还是 $m(Z)\neq0$,总有矛盾.这个矛盾说明 Z 是不可测集.

下面分三步来构造这样的集 Z:

(1) 首先将 $[0,1]$ 中实数分类. $\forall\,\xi,\eta\in[0,1]$,如果 $\xi-\eta$ 是有理数,称 ξ 与 η 等价,记为 $\xi\sim\eta$. 显然这样的等价关系满足:

① $\xi\sim\xi$;

② 若 $\xi\sim\eta$,则 $\eta\sim\xi$;

③ 若 $\xi\sim\eta,\eta\sim\gamma$,则 $\xi\sim\gamma$.

设 $\xi\in[0,1]$,将 $[0,1]$ 中与 ξ 等价的实数构成的集合记为 $E(\xi)$,即

$$E(\xi)\triangleq\{\eta\in[0,1]:\eta\sim\xi\}.$$

对任意 $\xi,\eta\in[0,1]$,如果 $E(\xi)\bigcap E(\eta)\neq\varnothing$,则 $E(\xi)=E(\eta)$. 事实上,如果存在 $\gamma\in E(\xi)\bigcap E(\eta)$,则 $\xi\sim\gamma,\gamma\sim\eta$,从而 $\xi\sim\eta$. 于是 $E(\xi)=E(\eta)$.

(2) 将 $\{E(\xi)\}_{\xi\in[0,1]}$ 中不同的集合组成一个两两不相交的集族,因总有 $\xi\in E(\xi)$,这样 $[0,1]=\bigcup_{\xi\in[0,1]}E(\xi)$. 由选择公理(见附录),可从每个集合里只选一个元素组成一个集合 Z. 记 $[-1,1]$ 中的所有的有理数为 $\{r_n\}_{n\geqslant1}$,并记 $Z_n=\tau_{r_n}Z$. 下面证明 Z 满足上面所说的性质.

(3) 首先, $\forall\,\xi\in[0,1]$,存在唯一的 $\eta\in[0,1]$ 使得 $E(\xi)\bigcap Z=\{\eta\}$,则 $\xi-\eta\in[-1,1]$ 为有理数,于是存在 r_n 使得 $\xi=\eta+r_n$. 注意到 $\eta\in Z$,从而 $\xi\in\tau_{r_n}Z=Z_n$. 这样就证明了 $[0,1]\subset\bigcup_{n\geqslant1}Z_n$.

因为 $Z\subset[0,1]$, $-1\leqslant r_n\leqslant1$,所以显然有 $Z_n=r_n+Z\subset[-1,2]$,从而我们有

$$\bigcup_{n\geqslant1}Z_n\subset[-1,2].$$

最后我们再证 $\{Z_n\}$ 两两不相交.首先根据 Z 的定义, Z 中的任意两个不同的元素是不能等价的,因为它们来自两个不相交的集合 $E(\xi)$ 和 $E(\eta)$. 若

$$x \in Z_n \bigcap Z_m = (r_n + Z) \bigcap (r_m + Z) \quad (n \neq m),$$

则存在 $\xi \in Z, \eta \in Z$ 使得 $x = r_n + \xi = r_m + \eta$，即 $\xi - \eta = r_m - r_n$，从而 $\xi \sim \eta$. 于是 ξ, η 必须在同一 $E(\xi)$ 中，所以有 $\xi = \eta$. 这样推得 $r_n = r_m$，与 $n \neq m$ 矛盾.

从上述作法，我们构造了 $[0,1]$ 上的一个不可测子集. 如果从任何一个具有正测度的集出发进行同样的做法，那么就可以构造出一个不可测的子集. 因此，凡具有正测度的集必含有不可测的子集. 由此可见，不可测集不仅有，而且还有很多，只是它的结构比较复杂，直观上难以想象. 总之，不是所有的子集都是可测的.

3.5 可测空间与测度

上面我们介绍了 L-可测与 L-测度. L-测度是一个特殊的测度，它除了满足非负性、正则性、可数可加性外还具有平移不变性. 其中，平移不变性是 Lebesgue 测度的一个重要特征. 但要注意的是，并不是所有 $\mathbb{R}^n$ 的子集都可测的. 我们自然要问：能否给出另一种测度，满足 Lebesgue 测度类似的性质——正则性、可数可加性、平移不变性，使得对所有子集都可测？答案是否定的. 由此可见，Lebesgue 测度在一定意义下是唯一的. 虽然 Lebesgue 测度是一个很特殊的测度，但它却是最重要的测度之一，是我们熟悉的长度、面积、体积的推广.

我们还可以有很多其它的测度，这就是一般的测度理论问题. 一般测度理论也是数学中非常重要的理论内容，它是许多数学理论的基础，如现代概率理论就是建立在测度理论基础上的一门重要的数学学科. 有关一般测度理论方面的知识可参考有关专著，如夏道行等编著的《实变函数论与泛函分析》（上册）、徐森林等编著的《实变函数论》和 Rudin 所著的《实分析与复分析》等.

下面我们简单介绍一下可测与测度的一般概念，以便读者对一般测度有初步和直观的了解，需要继续深入了解详细理论内容的读者请参考有关教材和专著.

定义 3.6 设 X 是非空集合，Σ 是 X 中的某些子集所成的集类. 如果

(1) $\varnothing \in \Sigma, X \in \Sigma$；

(2) $\forall A, B \in \Sigma$，有 $A \backslash B \in \Sigma$；

(3) $\forall A_j \in \Sigma, j = 1, 2, \cdots$，有 $\bigcup\limits_{j} A_j \in \Sigma$，

则称 Σ 是 X 的 σ-**代数**.

所谓一个集类是 σ-代数，它首先是包含空集和全集 X 的一个子集族，关于可列次并、交、余运算是封闭的，从而它关于集列的极限运算也是封闭的. 这也是 σ-代数的一个重要特征.

例如，X 的所有子集构成的集类显然是一个 X 中的 σ-代数. 由定义可知，Borel 集类 $\mathscr{B}$ 和 L-可测集类 $\mathscr{M}$ 都是 $\mathbb{R}^n$ 上的 σ-代数，且 $\mathscr{B} \subset \mathscr{M}$.

定义 3.7 设 X 是非空集合，$\mathscr{A}$ 是 X 中的一些子集构成的 σ-代数，称 $(X, \mathscr{A})$ 是一个**可测空间**，$\mathscr{A}$ 中的元素称为 X 中的可测集.

定义 3.8 设$(X,\mathscr{A})$是可测空间,若μ是定义在$\mathscr{A}$上的一个非负函数且满足:

(1) $0 \leqslant \mu(A) \leqslant \infty, \forall A \in \mathscr{A}$;

(2) $\mu(\varnothing) = 0$;

(3) μ在$\mathscr{A}$上满足可列可加性,即若$\{A_n\}$是X中一列两两不相交的可测集,则

$$\mu(\bigcup_n A_n) = \sum_n \mu(A_n),$$

则称μ是$\mathscr{A}$上的一个测度,称$\mathscr{A}$中的元素为μ-可测集,称三元序组$(X,\mathscr{A},\mu)$为**测度空间**.

定义 3.9 设$(X,\mathscr{A},\mu)$是测度空间,如果测度$\mu(E)=0$,则称E是μ-零测集. 如果任意μ-零测集的子集还是μ-零测集,则称μ是一个完全测度.

定义 3.10 设$(X,\mathscr{A},\mu)$是测度空间.

(1) 设$A \in \mathscr{A}$,若存在$A_i(i \geqslant 1)$,使得$A \subset \bigcup_i A_i$且$\mu(A_i) < \infty$,则称A是σ-有限集;

(2) 若X是σ-有限集,则称$(X,\mathscr{A},\mu)$是全σ-有限测度空间;

(3) 若$\mu(X) < \infty$,则称$(X,\mathscr{A},\mu)$是全有限测度空间;

(4) 若$\mu(X)=1$,则$(X,\mathscr{A},\mu)$又称为概率测度空间,其中μ称为概率测度.

注 3.7 Lebesgue 测度是σ-有限的完全测度,而 Borel 测度不是完全测度.

例 3.5 由上述定义,$(\mathbb{R}^n,\mathscr{M},m)$是$\mathbb{R}^n$上的一个测度空间. Lebesgue 测度只是个特殊的测度. 事实上,在同一个测度空间$(\mathbb{R}^n,\mathscr{M})$上可以定义许多其它的测度. 例如,定义

$$\mu(E) = \frac{1}{(\sqrt{2\pi})^n} \int_E e^{-|x|^2} \, \mathrm{d}x, \quad E \in \mathscr{M},$$

则μ是$(\mathbb{R}^n,\mathscr{M})$上的一个测度,且还是一个概率测度. 需要注意的是,这里的积分应理解成 Lebesgue 积分(见第 5 章).

例 3.6 设$\mathscr{F}$是由$\mathbb{R}^n$的所有子集组成的σ-代数,对任意$E \subset \mathbb{R}^n$,定义一个测度:

$$\mu(E) = \begin{cases} 1, & 0 \in E, \\ 0, & 0 \notin E, \end{cases}$$

则$(\mathbb{R}^n,\mathscr{F},\mu)$是一个测度空间. 这里的测度$\mu$称为狄拉克(Dirac)测度,它也是一个非常特殊的测度,具有重要的物理意义.

例 3.7 设$\mathbb{N}^*$是正整数集,$\mathscr{A}$是由$\mathbb{N}^*$的所有子集组成的集类. 对任意$A \in \mathscr{A}$,如果A是有限集,定义$\mu(A) = A$中所含正整数的个数;如果A是无限集,定义$\mu(A) = \infty$. 则$(\mathbb{N}^*,\mathscr{A},\mu)$是一个测度空间,这里的测度$\mu$也称为计数测度.

对于抽象的数学概念,可以有各种各样的直观性理解,只要这种理解对于我们的思维有帮助就是有意义的. 理解的方式因人而异,与每个人的知识背景和知识结构有关. 而对于数学概念和结论,通常可以从几何和物理这两个方面来理解. 上述

介绍的测度空间 $(X,\mathscr{A},\mu)$，我们可以把空间 X 认为是一个具有质量分布的空间，每一点都有质量密度，每一块可测集都有质量，这个质量就是可测集的测度. 不可测集则意味这一块没法测出它的质量. 对于 Lebesgue 可测空间 $\mathbb{R}^n$，它的总质量是无穷大的，但它的密度是均匀的；对于一块可测集，如果平移到其它位置，所含的质量是一样的. 在例 3.5 中，整个空间 $\mathbb{R}^n$ 的质量是单位质量，在中间密度大，无穷远的地方密度小，所以整个空间质量分布是不均匀的. 同一形状的可测集，在靠近原点的地方它的质量大，而在远离原点的地方质量就小. 在例 3.6 中，整个空间 $\mathbb{R}^n$ 的质量也是单位质量，但质量分布就集中在原点，所以在原点质量密度是无穷大的，而除了原点的地方密度都是零. 最后的例 3.7 中，空间 $\mathbb{N}^*$ 中只有可列个点，每一点的质量都是单位质量，所以这个测度空间分布也是均匀的，且总质量也是无穷大.

习题 3

A 组

1. 设 $A\subset\mathbb{R}^n$ 且 $m^*(A)=0$，试证明：对任意的 $B\subset\mathbb{R}^n$，有
$$m^*(A\bigcup B)=m^*(B).$$

2. 作 $\mathbb{R}^2$ 中点集：
$$E=\{x=(\xi,\eta):\xi \text{ 与 } \eta \text{ 至少有一个是有理数}\},$$
试求 $m^*(E)$.

3. 证明：对任意 $A\subset\mathbb{R}^p$ 和 $B\subset\mathbb{R}^q$，有
$$m^*(A\times B)\leqslant m^*(A)\cdot m^*(B).$$

4. 设 $S_1,S_2,\cdots,S_n$ 是一些互不相交的可测集合，$E_i\subset S_i$，$i=1,2,\cdots,n$，求证：
$$m^*(E_1\bigcup E_2\bigcup\cdots\bigcup E_n)=m^*(E_1)+m^*(E_2)+\cdots+m^*(E_n).$$

5. 设 $A_1,A_2\subset\mathbb{R}^n$，$A_1\subset A_2$，$A_1$ 是可测集且有 $m(A_1)=m^*(A_2)<\infty$，试证明：A_2 是可测集.

6. 设 $\alpha\in\mathbb{R}^n$，定义映射 $\tau_\alpha x=x+\alpha,x\in\mathbb{R}^n$，并称其为平移变换. 试证明：在平移变换下，对于任何集 $E\subset\mathbb{R}^n$，有 $m^*(E)=m^*(\tau_\alpha E)$.

7. 定义映射 $\tau:x\rightarrow -x$，并称其为反射变换. 试证明：在反射变换下，对于任何集 $E\subset\mathbb{R}^n$，有 $m^*(E)=m^*(\tau E)$.

8. 设 $A,B\subset\mathbb{R}^p$ 且 $m^*(B)<\infty$. 若 A 是可测集，证明：
$$m^*(A\bigcup B)=m(A)+m^*(B)-m^*(A\bigcap B).$$

9. 设 $E\subset\mathbb{R}^n$，$m^*(E)<\infty$，又设 $G\supset E$ 可测，且 $m(G)=m^*(E)$. 如果 $A\subset G$ 可测，证明：$m^*(A\bigcap E)=m(A)$.

10. 设 $E\subset\mathbb{R}$ 且 $m^*(E)>0$，$0<a<m^*(E)$，试证明：存在 E 的子集 A，使得
$$m^*(A)=a.$$

11. 证明:若 E 可测,则对于任意 $\varepsilon>0$,恒有开集 G 及闭集 F,使 $F{\subset}E{\subset}G$,而
$$m(G-F)<\varepsilon.$$

12. 设 $E{\subset}\mathbb{R}^q$,存在两列可测集 $\{A_n\}$,$\{B_n\}$,使得 $A_n{\subset}E{\subset}B_n$ 且
$$m(B_n-A_n)\to 0\quad(n\to\infty),$$
证明:E 可测.

13. 设 $E{\subset}\mathbb{R}^n$,若对任意的 $\varepsilon>0$,存在闭集 $F{\subset}E$,使得 $m^*(E-F)<\varepsilon$,证明: E 是可测集.

14. 设 $E{\subset}\mathbb{R}^n$,且 $m^*(E)<\infty$.若对任意的 $\varepsilon>0$,存在闭集 $F{\subset}E$,使得
$$m^*(F)>m^*(E)-\varepsilon,$$
证明:E 是可测集.

15. 设集合 E 和 F 的距离 $d(E,F)=\inf\limits_{x\in E,\,y\in F}|x-y|>0$,证明:
$$m^*(E\bigcup F)=m^*(E)+m^*(F).$$

16. 设 $m^*(A)<\infty$,$m^*(B)<\infty$,证明:
$$|m^*(A)-m^*(B)|\leqslant\max\{m^*(A\backslash B),m^*(B\backslash A)\}.$$

17. 设 A,B 可测,证明:$m(A)+m(B)=m(A\bigcup B)+m(A\bigcap B)$.

18. 设 τ_a 是上述定义的一个平移变换(第 6 题),证明:当 E 为 L-可测时,$\tau_a E$ 也为 L-可测,且 $m(E)=m(\tau_a E)$.

19. 设 τ 是上述定义的反射变换(第 7 题),证明:对任何 L-可测集 $E{\subset}\mathbb{R}^n$,有
$$m(E)=m(\tau E).$$

20. 试证明:$E{\subset}\mathbb{R}^n$ 是可测集的充分必要条件是对于任意的 $\varepsilon>0$,存在开集 G_1 与 G_2:$G_1{\supset}E$ 且 $G_2{\supset}E^c$,使得 $m(G_1\bigcap G_2)<\varepsilon$.

21. (1) 设 $F{\subset}[a,b]$ 是闭集,且 $m(F)=b-a$,证明:$F=[a,b]$.

(2) 若 $G{\subset}(a,b)$ 是开集,且 $m(G)=b-a$,问是否有 $G=(a,b)$?

22. 试在 $\mathbb{R}$ 中作一个由某些无理数构成的闭集 F,使得 $m(F)>0$.

23. 考虑可测集列 $\{E_n\}$.

(1) 证明:$m(\varliminf\limits_{n\to\infty}E_n)\leqslant\varliminf\limits_{n\to\infty}m(E_n)$;

(2) 如果 $m(\bigcup\limits_n E_n)<\infty$,证明:$m(\varlimsup\limits_{n\to\infty}E_n)\geqslant\varlimsup\limits_{n\to\infty}m(E_n)$.

24. 设 $m^*(E)<\infty$,若存在 E 的可测子集列 $E_n{\subset}E$ 使得 $m(E_n)\to m^*(E)$,证明:E 可测.

25. 设 $E\in\mathscr{M}$ 且 $m(E)>0$,试证明:存在 $x\in E$ 使得对于任意的 $\delta>0$,有
$$m(E\bigcap B(x,\delta))>0.$$

26. 设 $\{E_k\}$ 是 $[0,1]$ 中的可测集列,$m(E_k)=1(k=1,2,\cdots)$,试证明:
$$m\Big(\bigcap_{k=1}^{\infty}E_k\Big)=1.$$

B 组

27. 若 $E \subset \mathbb{R}^n$,证明:存在包含 E 的 G_δ 集 H,使得 $m(H) = m^*(E)$.(此时我们也称 H 为 E 的等测包)

28. 设 $A, B \subset \mathbb{R}^p$,证明成立不等式:
$$m^*(A \cup B) + m^*(A \cap B) \leqslant m^*(A) + m^*(B).$$

29. 证明:对任意 $A \subset \mathbb{R}^p$ 和 $B \subset \mathbb{R}^q$,有
$$m^*(A \times B) = m^*(A) \cdot m^*(B).$$

30. 设 $E_1, E_2, \cdots, E_k$ 是 $[0,1]$ 中的可测集,且有
$$\sum_{i=1}^{k} m(E_i) > k-1,$$
试证明:$m\left(\bigcap_{i=1}^{k} E_i\right) > 0$.

31. 设 $E \subset \mathbb{R}$ 且 $0 < a < m(E)$,试证明存在无内点的有界闭集 $F: F \subset E$,使得
$$m(F) = a.$$

32. 设 $A, B \subset \mathbb{R}^n$,$A \cup B \in \mathcal{M}$ 且 $m(A \cup B) < \infty$,若
$$m(A \cup B) = m^*(A) + m^*(B),$$
试证明:A, B 皆为可测集.

33. 设 E 是 $\mathbb{R}$ 中的可测集,$a \in \mathbb{R}$ 且 $\delta > 0$,若对满足 $|x| < \delta$ 的 x,$a+x$ 与 $a-x$ 之中必有一点属于 E,试证明:$m(E) \geqslant \delta$.

34. 设 $f(x)$ 是 $\mathbb{R}$ 上的连续可微函数,并且 $f'(x) > 0$,试证明:当 $E \subset \mathbb{R}$ 可测时,$f^{-1}(E)$ 也可测.

35. 若 $\mathbb{R}^n$ 中的集合列 $E_1 \subset E_2 \subset \cdots \subset E_k \subset \cdots$,证明:
$$\lim_{k \to \infty} m^*(E_k) = m^*\left(\lim_{k \to \infty} E_k\right).$$

36. 证明:$\mathbb{R}$ 中可测集的全体基数为 2^c.

37. 设 $\{A_\lambda\}$ 是两两不相交的且具有正测度的可测集族,证明:集族 $\{A_\lambda\}$ 至多是可数的.

38. 设 $E \subset \mathbb{R}$ 是子集,定义
$$m_*(E) = \sup\{m^*(F): F \subset E \text{ 是闭子集}\},$$
称为 E 的内测度.证明:E 可测的充要条件是 $m_*(E) = m^*(E)$.

39. 设 $E \subset \mathbb{R}$ 是有界子集,$I \supset E$ 是包含 E 的一个开区间,定义
$$m_*(E) = |I| - m^*(I \setminus E),$$
称为 E 的内测度.

(1) 证明:E 可测的充要条件是 $m_*(E) = m^*(E)$;

(2) 证明:这里定义的内测度与第 38 题定义的内测度是一致的.

4 可测函数

实变函数的主要目的是将 Riemann 积分推广到更广范围的 Lebesgue 积分,而要推广积分,首先需要推广函数. Riemann 积分的对象主要是连续函数,准确地说是对"差不多"连续的函数而作的,也即它的不连续点集的 Lebesgue 测度为零(见下章). 而 Lebesgue 积分的对象是更广的一类函数,即可测函数. 本章将介绍可测函数的概念及其性质,特别是可测函数列的各种收敛及其有关性质;此外,还要介绍可测函数与连续函数之间的关系.

4.1 可测函数的定义及其性质

我们从推广函数值开始介绍. 以下考虑的函数是一类取值更广的实值函数,我们允许函数值取无穷大($\pm\infty$),因此先规定一些关于$\pm\infty$的运算规则,并且这些规定都是自然的,容易接受的.

首先约定$-\infty<+\infty$,且对任意有限实数$x\in\mathbb{R}$,总有$-\infty<x<+\infty$;

其次对任意有限实数x,有

$$x+(+\infty)=(+\infty)+x=+\infty, \quad x+(-\infty)=(-\infty)+x=-\infty;$$

此外我们还规定,只有同号无穷大才可以作加法,异号无穷大才可以作减法,即

$$(+\infty)+(+\infty)=+\infty, \quad (-\infty)+(-\infty)=-\infty,$$

$$+(\pm\infty)=\pm\infty, \quad -(\pm\infty)=\mp\infty, \quad |\pm\infty|=+\infty,$$

$$(\pm\infty)-(\mp\infty)=(\pm\infty)+(-(\mp\infty))=\pm\infty.$$

下面我们定义乘法和商运算. 首先约定

$$0\cdot(\pm\infty)=0, \quad \frac{1}{\pm\infty}=0.$$

对$x\in\mathbb{R}$,且$x\neq0$,定义$x\cdot(\pm\infty)=\text{sign}(x)(\pm\infty)$,其中

$$\text{sign}(x)=\begin{cases}+1, & x>0,\\ 0, & x=0,\\ -1, & x<0.\end{cases}$$

最后定义无穷大之间的乘积:

$$(\pm\infty)(\pm\infty)=+\infty, \quad (\pm\infty)(\mp\infty)=-\infty.$$

需要注意的是,下列运算

$$(\pm\infty)-(\pm\infty), \quad (\pm\infty)+(\mp\infty), \quad \frac{1}{0}, \quad \frac{\infty}{\infty}$$

都没有意义. 即同号无穷大不可以作减法,异号无穷大不可以作加法,两个无穷大不能作除法,零不能是分母. 此外,$+\infty$ 有时简记为 ∞.

同时,为简单起见,在以后的讨论中如果未加特殊说明,我们提及的函数总是指可取无穷大的广义实函数,简称为实函数.

1) 可测函数的定义

定义 4.1 设 $E\subset\mathbb{R}^n$ 是可测集,$f(x)$ 是定义在 E 上的实函数. 若对于任意的有限实数 a,点集

$$E[f>a]\triangleq\{x\in E: f(x)>a\}$$

总是可测的,则称 f 是 E 上的**可测函数**,或称 f 在 E 上可测.

例 4.1 设 $f(x)$ 是定义在区间 $[a,b]$ 上的连续函数,则 $f(x)$ 是 $[a,b]$ 上的可测函数.

事实上,对任意实数 c,$E[f\leqslant c]\triangleq\{x\in[a,b]: f(x)\leqslant c\}$ 是闭集,从而

$$E[f>c]=[a,b]\backslash E[f\leqslant c]$$

可测.

例 4.2 设 $f(x)$ 是定义在区间 $[a,b]$ 上的单调函数,则 $f(x)$ 是 $[a,b]$ 上的可测函数.

事实上,对于任意实数 c,点集 $\{x\in[a,b]: f(x)>c\}$ 一定属于下述三种情况之一:区间、单点或空集,从而可知

$$\{x\in[a,b]: f(x)>c\}$$

是可测集. 这说明 $f(x)$ 是区间 $[a,b]$ 上的可测函数.

关于可测函数的定义,还有一些等价的说法. 下面定理中的等价结论都可以作为可测函数的定义,可根据需要选择合适的使用.

定理 4.1 设 $E\subset\mathbb{R}^n$ 是可测集,$f(x)$ 是定义在 E 上的实函数,则下列结论等价:

(1) $f(x)$ 在 E 上可测;

(2) $\forall a\in\mathbb{R}, E[f\leqslant a]\triangleq\{x\in E: f(x)\leqslant a\}$ 可测;

(3) $\forall a\in\mathbb{R}, E[f<a]\triangleq\{x\in E: f(x)<a\}$ 可测;

(4) $\forall a\in\mathbb{R}, E[f\geqslant a]\triangleq\{x\in E: f(x)\geqslant a\}$ 可测.

证明 (1)与(2)等价是显然的,因为 $E[f>a]$ 与 $E[f\leqslant a]$ 互为余集. 同理,(3)与(4)也等价. 为了证明本定理,我们来证明(2)与(3)等价. 事实上,由

$$E[f<a]=\bigcup_{n\geqslant1}E\left[f\leqslant a-\frac{1}{n}\right]$$

推得(2)蕴含(3);反之,由

$$E[f\leqslant a]=\bigcap_{n\geqslant1}E\left[f<a+\frac{1}{n}\right]$$

容易得到(3)也蕴含(2). ☐

2) 可测函数的基本性质

定理 4. 2　设 $E\subset\mathbb{R}^n$ 是可测集,$f(x)$ 是定义在 E 上的实函数,则以下结论成立:

(1) 若 $f(x)$ 在 E 上可测,则对任意有限实数 $a<b$,

$$E[a\leqslant f<b]\triangleq\{x\in E:a\leqslant f(x)<b\}$$

可测;

(2) 假设 $f(x)$ 还是 E 上的有限值函数,若对任意有限实数 $a<b$,$E[a\leqslant f<b]$ 可测,则 $f(x)$ 在 E 上可测.

证明　(1) 显然

$$E[a\leqslant f<b]=E[a\leqslant f]\bigcap E[f<b],$$

由定理 4.1 可知 $E[a\leqslant f]$,$E[f<b]$ 都是可测的,于是 $E[a\leqslant f<b]$ 可测.

(2) 当 $f(x)$ 还是 E 上的有限值函数时,我们有

$$E[f\geqslant a]=\bigcup_{n\geqslant0}E[a+n\leqslant f<a+n+1].$$

由条件可知 $E[f\geqslant a]$ 总是可测的,再由定理 4.1,$f(x)$ 在 E 上可测. ☐

需要注意的是,若 f 不是有限值函数,则定理 4.2 中的结论(2)不一定成立.

推论 4.3　若 $f(x)$ 是 E 上的可测函数,则

$$E[f=+\infty],\quad E[f=-\infty]\quad 及\quad E[f=a]\quad(a\in\mathbb{R})$$

都是可测集.

定理 4.4(整体可测与部分可测)

(1) 若 $f(x)$ 在 E 上可测,A 是 E 中可测子集,则 $f(x)$ 限制在 A 上是可测函数;

(2) 设 $f(x)$ 是 E 上的实值函数,如果 $E=E_1\bigcup E_2$,并且 $f(x)$ 分别限制在 E_1 和 E_2 上都是可测函数,那么 $f(x)$ 在 E 上可测.

证明　(1) 只需注意等式

$$A[f>a]=A\bigcap E[f>a],$$

易知结论成立.

(2) 注意到等式

$$E[f>a]=E_1[f>a]\bigcup E_2[f>a],$$

同样容易得到结论. □

3) 可测函数的运算

引理 4.5 若 $f(x),g(x)$ 都是 E 上有限可测函数,则集合
$$E[f<g] \quad \text{和} \quad E[f \leqslant g]$$
都是可测的.

证明 设 $\{r_n\}$ 是所有有理数,则
$$E[f<g] = \bigcup_{n \geqslant 1} E[f<r_n] \bigcap E[r_n<g].$$
由条件,$E[f<r_n]$ 和 $E[r_n<g]$ 都是可测的,故 $E[f<g]$ 可测. 又注意到 $E[f \leqslant g]$ 是 $E[g<f]$ 的余集,所以它也可测. □

引理 4.6 若 f 是 E 上可测函数,则 $-f$ 和 $c+f(c \in \mathbb{R})$ 都是可测的.

证明 由定义直接得证. □

定理 4.7 设 $f(x),g(x)$ 是 E 上的可测函数,且下列函数在 E 上处处有意义,则下列函数都是 E 上的可测函数:

(1) $cf(x)$ $(\forall c \in \mathbb{R})$;

(2) $f(x)+g(x)$;

(3) $|f(x)|$;

(4) $f(x) \cdot g(x)$;

(5) $\dfrac{1}{f(x)}$.

注 4.1 首先注意到这样的事实:若要 $f+g$ 有意义,必须
$$E[f=+\infty] \bigcap E[g=-\infty] = E[f=-\infty] \bigcap E[g=+\infty] = \varnothing;$$
若要 $\dfrac{1}{f}$ 有意义,必须
$$f(x) \neq 0, \quad \forall x \in E.$$

证明 (1) 若 $c=0$,则 $cf(x)=0$ 显然可测;若 $c>0$,则由
$$E[cf>a] = E\left[f>\frac{a}{c}\right]$$
可知,$cf(x)$ 在 E 上可测;若 $c<0$,则由 $cf=-(-c)f$ 可知,$cf(x)$ 在 E 上可测.

(2) 不妨设 f,g 都是有限值函数(对取无限值的点可单独考虑). 首先注意到 f 可测,再由引理 4.6 知道 $a-g$ 也可测. 又因为 $f(x)+g(x)>a$ 就是 $f(x)>a-g(x)$,则由引理 4.5 知道 $E[f+g>a]=E[f>a-g]$ 可测,从而 $f(x)+g(x)$ 是 E 上的可测函数.

(3) 对于 $a \in \mathbb{R}$,若 $a \leqslant 0$,则 $E[|f|<a]=\varnothing$ 可测;若 $a>0$,则
$$E[|f|<a] = E[-a<f<a]$$

也可测.

(4) 先来证明:若 $f(x)$ 在 E 上可测,则 $f^2(x)$ 在 E 上可测. 对于 $a\in\mathbb{R}$,因为

$$E[f^2>a]=\begin{cases}E, & a<0,\\ E[|f|>\sqrt{a}], & a\geqslant 0,\end{cases} \tag{4.1}$$

所以 $E[f^2>a]$ 总是可测的.

假设 f,g 都是处处有限的可测函数. 因为

$$f(x)\cdot g(x)=\frac{1}{4}[(f(x)+g(x))^2-(f(x)-g(x))^2],$$

而 $f(x)+g(x)$ 和 $f(x)-g(x)$ 都是 E 上的可测函数,所以 $f(x)\cdot g(x)$ 是 E 上的可测函数.

对一般情形,令

$$E_1=E[|f|<\infty]\cap E[|g|<\infty],$$
$$E_2=E[|f|=\infty]\cap E[|g|<\infty],$$
$$E_3=E[|f|<\infty]\cap E[|g|=\infty],$$
$$E_4=E[|f|=\infty]\cap E[|g|=\infty],$$

则 $E=E_1\cup E_2\cup E_3\cup E_4$. 由上述结论可得 $f(x)\cdot g(x)$ 在 E_1 上可测. 直接讨论可知 $f(x)\cdot g(x)$ 分别在 E_2,E_3,E_4 上也是可测的. 因而由定理 4.4 可知 $f(x)\cdot g(x)$ 在 E 上可测.

(5) 设 $f(x)\neq 0$, $\forall x\in E$. 令 $E_+=E[f>0]$, $E_-=E[f<0]$,则 $E=E_+\cup E_-$. 注意到下列结论:

① 如果 $a\leqslant 0$,则 $E_+\left[\dfrac{1}{f}\geqslant a\right]=E_+$ 是可测的;

② 如果 $a>0$,则 $E_+\left[\dfrac{1}{f}\geqslant a\right]=E_+\left[0<f\leqslant\dfrac{1}{a}\right]$ 也是可测的.

于是 $\dfrac{1}{f}$ 是 E_+ 上的可测函数. 同理 $\dfrac{1}{f}$ 是 E_- 上的可测函数. 再由定理 4.4,$\dfrac{1}{f}$ 在 E 上可测. □

4) 可测函数列的极限

定理 4.8 若 $\{f_k(x)\}$ 是 E 上的可测函数列,则下列函数

$$\sup_{k\geqslant 1}f_k(x),\quad \inf_{k\geqslant 1}f_k(x),\quad \varlimsup_{k\to\infty}f_k(x),\quad \varliminf_{k\to\infty}f_k(x)$$

都是 E 上的可测函数.

证明 (1) 因为对 $\forall a\in\mathbb{R}$,集合

$$\{x:\sup_{k\geqslant 1}f_k(x)>a\}=\bigcup_{k=1}^{\infty}\{x:f_k(x)>a\}$$

总是可测的,所以 $\sup\limits_{k\geqslant 1}f_k(x)$ 是 E 上的可测函数.

（2）注意到

$$\inf\limits_{k\geqslant 1}f_k(x)=-\sup\limits_{k\geqslant 1}(-f_k(x)),$$

所以 $\inf\limits_{k\geqslant 1}f_k(x)$ 是 E 上的可测函数.

（3）只需注意到

$$\varlimsup\limits_{k\to\infty}f_k(x)=\inf\limits_{i\geqslant 1}\sup\limits_{k\geqslant i}f_k(x)$$

即可.

（4）根据等式

$$\varliminf\limits_{k\to\infty}f_k(x)=-\varlimsup\limits_{k\to\infty}(-f_k(x)),$$

可知 $\varliminf\limits_{k\to\infty}f_k(x)$ 是 E 上的可测函数. □

推论 4.9　若 $\{f_k\}$ 是 E 上的可测函数列,且有

$$\lim\limits_{k\to\infty}f_k(x)=f(x),\quad\forall x\in E,$$

则 f 是 E 上的可测函数.

5) 可测函数的正部与负部

定义 4.2　设 $f(x)$ 是定义在 E 上的实函数,令

$$f^+(x)\triangleq\max\{f(x),0\},\quad f^-(x)\triangleq\max\{-f(x),0\},$$

则 f^+ 和 f^- 分别称为 f 的**正部与负部**.

由定义立即推得

$$f(x)=f^+(x)-f^-(x),\tag{4.2}$$

$$|f(x)|=f^+(x)+f^-(x),\tag{4.3}$$

于是当 $f(x)$ 为有限值函数时,有

$$f^+(x)=\frac{|f(x)|+f(x)}{2},\quad f^-(x)=\frac{|f(x)|-f(x)}{2}.$$

若 $f(x)$ 在 E 上可测,由上述定义可知 $f^+(x),f^-(x)$ 都是 E 上的可测函数;反之亦然.

6) 几乎处处的概念

定义 4.3　设 $E\subset\mathbb{R}^n$ 是可测集,$\{P(x):x\in E\}$ 是指标集为 E 的一族命题. 若除了 E 中的一个零测集以外 $P(x)$ 处处成立,则称这族命题 $P(x)$ 在 E 上**几乎处处成立**,简记为 $P(x)$ a.e. 于 E.

例 4.3　若 $f(x),g(x)$ 是定义在 E 上的实函数,且存在零测集 $E_0\subset E$,使得

$$f(x)=g(x),\quad\forall x\in E\backslash E_0,$$

则称 $f(x)$ 与 $g(x)$ 在 E 上几乎处处相等,记为 $f(x) = g(x)$ a.e..

例 4.4 若 $f(x)$ 是定义在 E 上的实函数,且有零测集 $E_0 \subset E$,使得

$$|f(x)| < \infty, \quad \forall x \in E \setminus E_0,$$

则称 $f(x)$ 在 E 上几乎处处有限,并记为

$$|f(x)| < \infty \text{ a.e.}.$$

类似还有几乎处处为零、几乎处处连续等容易明白的说法.

定理 4.10 设 $f(x), g(x)$ 是定义在 E 上的实函数,且 $f(x)$ 是 E 上的可测函数,若 $g(x) = f(x)$ a.e.,则 $g(x)$ 在 E 上可测.

证明 令 $E_0 = \{x \in E : g(x) \neq f(x)\}$,则 $m(E_0) = 0$ 且 $E \setminus E_0$ 是可测集. 显然 $g(x)$ 在 E_0 上总是可测的. 因为 $f(x)$ 在 E 上可测,所以 $f(x)$ 在 $E \setminus E_0$ 上可测,而在 $E \setminus E_0$ 上有 $g(x) = f(x)$,于是 $g(x)$ 在 $E \setminus E_0$ 上也是可测的. 再由定理 4.4 可知,$g(x)$ 在 E 上可测. □

需要注意的是,对一个可测函数来说,改变它在零测集上的值并不会改变函数的可测性. 换句话说,函数在一个零测集上的值对它的可测性没有任何影响. 因此,函数的定义域中的零测子集是可以忽略不计的.

4.2 可测函数与简单函数

定义 4.4 设 $f(x)$ 是定义在 E 上的实值函数,若有 E 的 n 个两两不相交的可测子集 $\{E_j : j = 1, 2, \cdots, n\}$ 以及 n 个实数 $\{c_j : j = 1, 2, \cdots, n\}$,使得 $E = \bigcup_{j=1}^{n} E_j$ 且

$$f(x) = c_j, \quad x \in E_j; \ j = 1, 2, \cdots, n,$$

则称 $f(x)$ 是 E 上的可测**简单函数**.

例 4.5 设 $E \subset \mathbb{R}^n$,定义函数 χ_E:

$$\chi_E(x) = \begin{cases} 1, & x \in E, \\ 0, & x \notin E, \end{cases}$$

则称 χ_E 是 E 上的特征函数. 显然当 E 是可测集时,χ_E 是 $\mathbb{R}^n$ 上的可测函数.

利用特征函数,上述定义中的 f 可记为

$$f(x) = \sum_{j=1}^{n} c_j \chi_{E_{ij}}(x), \quad x \in E, \tag{4.4}$$

从而简单函数是有限个特征函数的线性组合. 由此可见,可测简单函数是可测函数类中结构比较简单的一类函数. 下面的定理告诉我们,它与一般可测函数之间有密切联系. 简单来说,可测函数可由简单函数处处逼近.

定理 4.11(简单函数逼近定理)

(1) 设 $f(x)$ 是 E 上的非负可测函数,则存在单调增加的非负可测简单函

数列:

$$\varphi_n(x)\leqslant\varphi_{n+1}(x),\quad n=1,2,\cdots,$$

使得

$$\lim_{n\to\infty}\varphi_n(x)=f(x),\quad x\in E. \tag{4.5}$$

(2) 设 $f(x)$ 是 E 上的可测函数,则存在可测简单函数列 $\{\varphi_n(x)\}$,使得

$$|\varphi_n(x)|\leqslant|\varphi_{n+1}(x)|\leqslant|f(x)|,\quad n=1,2,\cdots,$$

且有

$$\lim_{n\to\infty}\varphi_n(x)=f(x),\quad x\in E.$$

若 $f(x)$ 还是有界的,则上述收敛是一致的.

证明 (1) 对任意的正整数 n,我们将 $[0,n]$ 进行 $n\cdot2^n$ 等分,作函数列

$$\varphi_n(x)=\begin{cases}\dfrac{j-1}{2^n},&若\dfrac{j-1}{2^n}\leqslant f(x)<\dfrac{j}{2^n},其中 j=1,2,\cdots,n\cdot2^n,\\n,&若 f(x)\geqslant n,其中 n=1,2,\cdots.\end{cases}$$

显然,每个 $\varphi_n(x)$ 都是非负可测简单函数,且有

$$\varphi_n(x)\leqslant\varphi_{n+1}(x)\leqslant f(x),\quad \varphi_n(x)\leqslant n,\ x\in E,\ n=1,2,\cdots.$$

关于 $\varphi_n(x)$ 的构造,见图示 4.1:

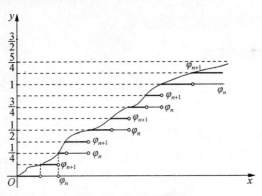

图 4.1 $\varphi_n(x)$ 的构造

现在,对任意的 $x\in E$,若 $f(x)\leqslant M$,则当 $n>M$ 时有

$$0\leqslant f(x)-\varphi_n(x)<2^{-n}.$$

若 $f(x)=+\infty$,则 $\varphi_n(x)=n(n=1,2,\cdots)$. 从而总有

$$\lim_{n\to\infty}\varphi_n(x)=f(x),\quad x\in E.$$

显然,当 f 是有界函数时,上述收敛还是一致收敛的.

(2) 记

$$f(x)=f^+(x)-f^-(x),$$

由(1)的结论可知,存在可测简单函数列 $\{\varphi_n^{(1)}(x)\}$ 及 $\{\varphi_n^{(2)}(x)\}$,满足

$$\lim_{n\to\infty}\varphi_n^{(1)}(x)=f^+(x),\quad \lim_{n\to\infty}\varphi_n^{(2)}(x)=f^-(x),\quad x\in E.$$

显然，$\varphi_n(x)\triangleq\varphi_n^{(1)}(x)-\varphi_n^{(2)}(x)$ 也是可测简单函数，且有

$$\lim_{n\to\infty}\varphi_n(x)=\lim_{n\to\infty}[\varphi_n^{(1)}(x)-\varphi_n^{(2)}(x)]=f^+(x)-f^-(x)=f(x),\quad x\in E.$$

若在 E 上 $|f(x)|\leqslant M$，则

$$0\leqslant f^+(x)\leqslant M,\quad 0\leqslant f^-(x)\leqslant M,$$

从而 $\{\varphi_n^{(1)}(x)\}$ 及 $\{\varphi_n^{(2)}(x)\}$ 都是一致收敛的，于是 $\varphi_n(x)$ 一致收敛于 $f(x)$．

又若 $\varphi_n^{(1)}(x)>0$，则 $f^+(x)>0$，于是 $f^-(x)=0$．因为 $0\leqslant\varphi_n^{(2)}(x)\leqslant f^-(x)$，所以 $\varphi_n^{(2)}(x)=0$．这样 $\varphi_n^+=\varphi_n^{(1)}$，$\varphi_n^-=\varphi_n^{(2)}$，从而 $|\varphi_n|=\varphi_n^{(1)}+\varphi_n^{(2)}$，并且

$$|\varphi_n|\leqslant|\varphi_{n+1}|\leqslant|f|.$$

□

4.3　可测函数列的收敛

考虑一般函数列的收敛问题时，通常有处处收敛和一致收敛等概念．对于可测函数列来说，我们将引入几乎处处收敛和依测度收敛的概念，这些收敛对于实变函数理论来说十分重要．此外，这些收敛之间有一定的联系．本节介绍的 Егоров 定理指出了几乎处处收敛与一致收敛之间的关系，而 Lebesgue 定理和 Riesz 定理给出了几乎处处收敛与依测度收敛之间的关系．

1) 几乎处处收敛的定义

定义 4.5　设 $f(x),f_1(x),f_2(x),\cdots,f_k(x),\cdots$ 是定义在可测子集 $E\subset\mathbb{R}^n$ 上的实函数，若存在 E 中的零测子集 E_0，使得

$$\lim_{k\to\infty}f_k(x)=f(x),\quad x\in E\setminus E_0,$$

则称 $\{f_k(x)\}$ 在 E 上**几乎处处收敛**于 $f(x)$，并简记为

$$f_k\to f \text{ a.e. 于 } E$$

显然，若 $\{f_k(x)\}$ 是 E 上的可测函数列，则 $f(x)$ 也是 E 上的可测函数．此外函数列几乎处处收敛的极限是几乎处处相等的，也就是说在几乎处处意义下是唯一的．

2) 几乎处处收敛与一致收敛的关系

定理 4.12(Егоров)　设 $E\subset\mathbb{R}^n$ 可测，且 $m(E)<\infty$，$f(x),f_1(x),f_2(x),\cdots,f_n(x),\cdots$ 是 E 上几乎处处有限的可测函数．若 $f_n(x)\to f(x)$ a.e. $x\in E$，则对任意 $\delta>0$，存在 E 的可测子集 E_δ，满足 $m(E_\delta)<\delta$，且 $\{f_n(x)\}$ 在 $E\setminus E_\delta$ 上一致收敛于 $f(x)$．

证明　由假设，存在零测子集 $E_0\subset E$，使得在 $E\setminus E_0$ 上，函数 f 和 $\{f_n\}$ 都是处

处有限的. 为方便起见, 我们用 E 代替 $E \setminus E_0$. 由例 1.14 的结论知道, $\{f_n\}$ 不收敛于 f 的点可表示为

$$E[f_n \nrightarrow f] = \bigcup_{k=1}^{\infty} \bigcap_{N=1}^{\infty} \bigcup_{n=N}^{\infty} E\left[|f_n - f| > \frac{1}{k}\right].$$

因为 $E[f_n \nrightarrow f]$ 是零测集, 所以 $m\left(\bigcap_{N=1}^{\infty} \bigcup_{n=N}^{\infty} E\left[|f_n - f| > \frac{1}{k}\right]\right) = 0$.

又 $\bigcup_{n=N}^{\infty} E\left[|f_n - f| > \frac{1}{k}\right]$ 关于 N 是 E 的单调下降的可测子集列, 且 $m(E) < \infty$, 所以

$$m\left(\bigcup_{n=N}^{\infty} E\left[|f_n - f| > \frac{1}{k}\right]\right) \to 0, \quad N \to \infty. \tag{4.6}$$

对任意 $\delta > 0, k \geqslant 1$, 存在 N_k 使得

$$m\left(\bigcup_{n=N_k}^{\infty} E\left[|f_n - f| > \frac{1}{k}\right]\right) \leqslant \frac{\delta}{2^k}, \quad \forall k \geqslant 1.$$

令

$$E_\delta = \bigcup_{k=1}^{\infty} \bigcup_{n=N_k}^{\infty} E\left[|f_n - f| > \frac{1}{k}\right],$$

则显然

$$m(E_\delta) \leqslant \sum_{k=1}^{\infty} m\left(\bigcup_{n=N_k}^{\infty} E\left[|f_n - f| > \frac{1}{k}\right]\right) \leqslant \sum_{k=1}^{\infty} \frac{\delta}{2^k} = \delta.$$

此外,

$$E \setminus E_\delta = \bigcap_{k=1}^{\infty} \bigcap_{n=N_k}^{\infty} E\left[|f_n - f| \leqslant \frac{1}{k}\right].$$

最后, 我们来证明: 在 $E \setminus E_\delta$ 上, $\{f_n(x)\}$ 一致收敛于 $f(x)$. 设 $x \in E \setminus E_\delta$. 任给 $\varepsilon > 0$, 存在 k_0, 使得 $1/k_0 < \varepsilon$. 从而对一切 $x \in E \setminus E_\delta$, 当 $n \geqslant N_{k_0}$ 时, 有

$$|f_n(x) - f(x)| \leqslant \frac{1}{k_0} < \varepsilon.$$

这说明 $\{f_n(x)\}$ 在 $E \setminus E_\delta$ 上一致收敛于 $f(x)$. $\qquad\qquad\qquad\qquad\Box$

注 4.2 Eгopob 定理中的条件 $m(E) < \infty$ 不能去掉. 例如, 考虑可测函数列

$$f_n(x) = \chi_{(0,n)}(x), \quad x \in (0, \infty), n = 1, 2, \cdots.$$

它在 $(0, \infty)$ 上处处收敛于 $f(x) \equiv 1$, 但在 $(0, \infty)$ 中的任一个有限测度集外均不一致收敛于 $f(x) \equiv 1$.

3) 依测度收敛的定义

下面来考虑可测函数列的另外一种重要的收敛——依测度收敛.

定义 4.6 设 $f(x), f_1(x), f_2(x), \cdots, f_n(x), \cdots$ 是 E 上几乎处处有限的可测函数, 若对任给的 $\delta > 0$, 有

$$\lim_{n\to\infty} m\big(E[\,|f_n-f|>\delta]\big)=0, \tag{4.7}$$

则称$\{f_n\}$在E上依测度收敛于f,记为$f_n\Rightarrow f$在E上.

我们还可以用$\varepsilon\text{-}N$语言来刻画依测度收敛:

可测函数列$\{f_n\}$在E上依测度收敛于几乎处处有限的可测函数f的充分必要条件是$\forall\delta>0,\forall\varepsilon>0$,存在充分大的$N$,使当$n>N$时,总有

$$m(E[\,|f_n-f|>\delta])<\varepsilon.$$

4) 依测度收敛极限的唯一性

下述定理指出,在几乎处处相等的意义下,依测度收敛的极限函数是唯一的.

定理 4.13 若$\{f_n\}$在E上既依测度收敛于f,又依测度收敛于g,则f和g在E上几乎处处相等.

证明 不妨假设f_n,f,g在E上处处有限. 因为

$$|f(x)-g(x)|\leqslant|f(x)-f_n(x)|+|g(x)-f_n(x)|,$$

所以对任给的$\delta>0$,有

$$E[\,|f-g|>\delta]\subset E[\,|f-f_n|>\delta/2]\cup E[\,|g-f_n|>\delta/2].$$

但当$n\to\infty$时,上式右端点集的测度趋于零,从而得$m\big(E[\,|f-g|>\delta]\big)=0$. 注意到

$$E[\,|f-g|>0]=\bigcup_{n\geqslant1}E[\,|f-g|>1/n],$$

这样$m\big(E[\,|f-g|>0]\big)=0$. 从而在$E$上,$f(x)=g(x)$ a.e.. $\square$

5) 依测度收敛的完备性质

几乎处处有限可测函数列在依测度收敛意义下是完备的. 这是依测度收敛的重要性质,下面我们就来讨论这个问题. 首先定义基本列.

定义 4.7 设$\{f_n\}$是E上几乎处处有限的可测函数列,若对任给的$\delta>0$,有

$$\lim_{m,n\to\infty} m\big(E[\,|f_n-f_m|>\delta]\big)=0, \tag{4.8}$$

则称$\{f_n\}$在E上是依测度收敛的基本列.

依测度收敛的基本列也可用下列$\varepsilon\text{-}N$语言描述:

任给$\delta>0,\varepsilon>0$,存在$N>0$,当$m,n>N$时,有

$$m\big(E[\,|f_n-f_m|>\delta]\big)<\varepsilon.$$

为了证明基本列的一些性质,首先证明下列引理.

引理 4.14 设$\{f_n\}$是E上几乎处处有限的可测函数列,f是E上几乎处处有

限的可测函数. 如果对任给 $\varepsilon>0$, 存在 $E_{\varepsilon}\subset E$ 使得 $m(E\backslash E_{\varepsilon})<\varepsilon$, 并且 $\{f_n\}$ 在 E_{ε} 上一致收敛于 f, 则 $\{f_n\}$ 在 E 上依测度收敛于 f.

证明 任给 $\delta>0,\varepsilon>0$. 由假设, $\{f_n\}$ 在 E_{ε} 上一致收敛于 f, 从而存在 $N>0$, 使得当 $n\geqslant N$ 时

$$|f_n(x)-f(x)|\leqslant\delta, \quad \forall\,x\in E_{\varepsilon}.$$

这样 $E[\,|f_n-f|>\delta]\subset E\backslash E_{\varepsilon}$, 从而当 $n\geqslant N$ 时 $m\big(E[\,|f_n-f|>\delta]\big)<\varepsilon$. 又因为 f 在 E 上几乎处处有限, 这说明 f_n 在 E 上依测度收敛于 f. $\qquad\square$

注 4.3 如果存在一列可测集列 $E_n\subset E$, 使得 $m(E\backslash E_n)\to0(n\to\infty)$, 并且 $\{f_k\}$ 在 E_n 上一致收敛于 f, 则 $\{f_k\}$ 在 E 上依测度收敛于 f.

引理 4.15 设 $\{f_n\}$ 是 E 上依测度收敛的基本列, 则存在子列 $\{f_{n_j}\}$ 和 E 上可测函数 f, 使得

$$f_{n_j}\to f \text{ a.e. 于 } E, \quad \text{且} \quad f_{n_j}\Rightarrow f.$$

证明 首先, 由基本列定义, 可以选取 $n_1<n_2<\cdots<n_j\cdots$, 使得

$$m\Big(E\big[\,|f_{n_j}-f_{n_{j+1}}|>\frac{1}{2^j}\big]\Big)<\frac{1}{2^j}.$$

令 $E_j=E\big[\,|f_{n_j}-f_{n_{j+1}}|>\frac{1}{2^j}\big]$, 则 $m(E_j)<\frac{1}{2^j}$. 再令

$$F_k=\bigcap_{j=k}^{\infty}(E\backslash E_j)=\bigcap_{j=k}^{\infty}E\big[\,|f_{n_j}-f_{n_{j+1}}|\leqslant\frac{1}{2^j}\big].$$

显然, $\forall\,x\in F_k$, 当 $j\geqslant k$ 时, $|f_{n_j}(x)-f_{n_{j+1}}(x)|\leqslant\frac{1}{2^j}$. 从而在每一个 F_k 上, $\{f_{n_j}\}$ 一致收敛. 令 $F=\bigcup_{k=1}^{\infty}F_k$, 则在 F 上 $\{f_{n_j}\}$ 处处收敛. 又

$$m(E\backslash F_k)\leqslant m\Big(\bigcup_{j=k}^{\infty}E_j\Big)\leqslant\sum_{j\geqslant k}\frac{1}{2^j}=\frac{1}{2^{k-1}},$$

从而 $m(E\backslash F)\leqslant m(E\backslash F_k)\to0$, 这样得到 $m(E\backslash F)=0$. 所以在 E 上 $\{f_{n_j}\}$ 几乎处处收敛. 令 $f_{n_j}(x)\to f(x)$ a.e. $x\in E$, 则 f 是 E 上的可测函数.

此外, 再注意到在每一个 F_k 上 $\{f_{n_j}\}$ 一致收敛于 f, 而

$$m(E\backslash F_k)\leqslant\frac{1}{2^{k-1}}\to0 \quad (k\to\infty),$$

由引理 4.14 和注 4.3 立即可得 $f_{n_j}\Rightarrow f$. $\qquad\square$

引理 4.16 设 $\{f_n\}$ 是 E 上依测度收敛的基本列, 如果存在子列 $f_{n_j}\Rightarrow f$, 则 $f_n\Rightarrow f$.

证明 只需注意到

$$E[\,|f_n-f|>\delta]\subset E[\,|f_n-f_{n_j}|>\delta/2]\bigcup E[\,|f_{n_j}-f|>\delta/2],$$

以及

$$m\big(E[\,|f_n-f_{n_j}|>\delta/2\,]\big)\to 0, \qquad n,j\to\infty,$$

和

$$m\big(E[\,|f_{n_j}-f|>\delta/2\,]\big)\to 0, \qquad j\to\infty,$$

从而有 $m\big(E[\,|f_n-f|>\delta\,]\big)\to 0, n\to\infty.$ □

由上述引理 4.15 和引理 4.16 立即可得下面的定理:

定理 4.17 设 $\{f_n\}$ 是 E 上依测度收敛的基本列,则存在 E 上几乎处处有限可测函数 f,使得 $f_n\Rightarrow f$.

上述定理说明几乎处处有限可测函数类在依测度收敛下是完备的,这也就是依测度收敛的完备性.

6) 几乎处处收敛与依测度收敛的关系

从定义可以看出,几乎处处收敛强调的是除了一个可以忽略不计的零测集外,在其它点上函数值是处处收敛.而依测度收敛是指 f 与 f_n 的误差大于 δ 的那些点组成的集合

$$\{x:|f_n(x)-f(x)|>\delta\}$$

随 n 越来越大而变得越来越小,其测度随 $n\to\infty$ 而趋于零.下面我们研究这两种收敛之间的关系.粗略地讲,几乎处处收敛可以依测度收敛,而依测度收敛不一定几乎处处收敛,但是可以有子列几乎处处收敛.由此可见,这两种收敛关系是很密切的.具体地说,就是下面的 Lebesgue 定理和 Riesz 定理.

定理 4.18(Lebesgue) 设 $m(E)<\infty$,$\{f_n\}$ 是 E 上几乎处处有限的可测函数列,若 $\{f_n\}$ 在 E 上几乎处处收敛于几乎处处有限的可测函数 f,则 $\{f_n\}$ 在 E 上依测度收敛于 f.

证明 由定理 4.12 和引理 4.14 立即可得 $f_n(x)$ 在 E 上依测度收敛于 $f(x)$.

□

注 4.4 上述定理中,条件 $m(E)<\infty$ 是必需的.例如,若取 $E=(0,\infty)$,定义

$$f_n(x)=\begin{cases}0, & 0<x<n,\\ 1, & x\geqslant n,\end{cases}$$

则 $f_n\to 0,\forall x\in E$,但是 $f_n\not\Rightarrow 0.$

定理 4.19(Riesz) 若 $\{f_n\}$ 在 E 上依测度收敛于 f,则存在子列 $\{f_{n_j}\}$ 几乎处处收敛于 f.

证明 只需注意到依测度收敛的可测函数列必是依测度收敛的基本列,由上述引理 4.15 可得.

□

以下是依测度收敛,但是不几乎处处收敛的例子.

例 4.6 首先将 $[0,1]$ 作 2 等分,依次分成 2 个不相交区间 $I_1^{(1)}$,$I_2^{(1)}$,它们的长度均为 $\frac{1}{2}$.定义 $f_j^{(1)} = \chi_{I_j^{(1)}}$,$j=1,2$.

再将 $[0,1]$ 作 2^2 等分,依次分成 2^2 个不相交区间 $I_1^{(2)}$,$I_2^{(2)}$,$I_3^{(2)}$,$I_{2^2}^{(2)}$,它们的长度均为 $\frac{1}{2^2}$.定义 $f_j^{(2)} = \chi_{I_j^{(2)}}$,$j=1,2,3,4$.

依此类推,将 $[0,1]$ 作 2^k 等分,依次分成 2^k 个不相交区间 $I_1^{(k)}$,$I_2^{(k)}$,$I_3^{(k)}$,$\cdots$,$I_{2^k}^{(k)}$,它们的长度均为 $\frac{1}{2^k}$.定义 $f_j^{(k)} = \chi_{I_j^{(k)}}$,$j=1,2,3,\cdots,2^k$.

考虑下列函数列:

$$f_1^{(1)}, f_2^{(1)}, f_1^{(2)}, f_2^{(2)}, f_3^{(2)}, f_4^{(2)}, \cdots, f_1^{(k)}, f_2^{(k)}, \cdots, f_{2^k}^{(k)}, \cdots,$$

对 $f_j^{(k)}$ 只取 $0,1$ 两个值,并且取 1 的小区间长度为 $\frac{1}{2^k}$.显然它依测度收敛于 0.但对任意 $x \in [0,1]$,任意 $k \geqslant 1$,总有 $1 \leqslant j_k \leqslant 2^k$ 使得 $f_{j_k}^{(k)}(x)=1$ 而 $f_j^{(k)}(x)=0$,$j \neq j_k$.因此它是处处不收敛的.

4.4 可测函数与连续函数

可测函数与连续函数有着密切的关系,这种关系使我们对可测函数的了解更为直观,便于我们深入研究可测函数.为此,我们首先介绍一般集合上的连续函数的概念.

1) 连续函数的概念

定义 4.8 设 $f(x)$ 是 E 上处处有限的实函数,$x_0 \in E$,如果 $\forall \varepsilon > 0$,$\exists \delta > 0$,使得当 $x \in E$ 且 $|x-x_0| < \delta$ 时,有 $|f(x)-f(x_0)| < \varepsilon$,则称 $f(x)$ 在 x_0 处连续.如果 f 在 E 上处处连续,则称 f 是连续的.

连续函数的定义域通常是一个区域,而这里连续函数的定义域可以是任意集合.连续函数的实质是当自变量 x 充分接近 x_0 时,函数值 $f(x)$ 充分接近 $f(x_0)$.不同的是,定义域的不同,对 x 充分接近 x_0 时的方式会有限制,这也取决于 x_0 在定义域的位置.当 x_0 是内点时,x 可以任何方式充分接近 x_0 ;但当 x_0 是边界点或孤立点时,x 只能在一定的限制下充分接近 x_0 .由此容易看出,当 x_0 是内点时,这里的连续与从前的定义是一致的;而当 x_0 是孤立点时,在推广的意义下,函数在 x_0 处总是连续的.

2) 连续函数与可测函数的关系

定理 4.20 设 E 是可测集,若 $f(x)$ 在 E 上连续,则 $f(x)$ 在 E 上可测.简单地

说,连续函数是可测的.

证明　设 $a\in\mathbb{R}$.若 $f(x)>a$,$\exists\delta_x>0$ 使得当 $y\in E$ 且 $|x-y|<\delta_x$ 时,$f(y)>a$,所以

$$E\bigcap B(x,\delta_x)\subset E[f>a].$$

令 $G=\bigcup\limits_{x\in E[f>a]}B(x,\delta_x)$,则 G 是个开集,且

$$E\bigcap G\subset E[f>a].$$

又显然

$$E[f>a]\subset E\bigcap G,$$

于是 $E[f>a]=E\bigcap G$,从而是可测的,所以 $f(x)$ 可测. □

上述定理说明连续必可测,然而可测不一定连续.但是下面的鲁津(Лузин)定理说明,可测函数在除去任意小的一个可测子集后就可以连续.

定理 4.21(Лузин)　如果 $f(x)$ 是 E 上几乎处处有限的可测函数,则对任给的 $\delta>0$,存在 E 中的一个闭子集 F,使得 $m(E\setminus F)<\delta$,且 $f(x)$ 在 F 上是连续的.

证明　因为 $m(\{x:|f(x)|=+\infty\})=0$,不妨假定 $f(x)$ 是处处有限的实值函数.

(1) 首先考虑 $f(x)$ 是可测简单函数的情形:

$$f(x)=\sum_{i=1}^{n}c_i\chi_{E_j}(x),\quad x\in E=\bigcup_{i=1}^{n}E_i,$$

此时,对任给的 $\delta>0$ 以及每个 E_i,可作 E_i 中的闭子集 F_i,使得

$$m(E_i\setminus F_i)<\frac{\delta}{n},\quad i=1,2,\cdots,n.$$

因为当 $x\in F_i$ 时 $f(x)=c_i$,所以 $f(x)$ 在 F_i 上连续.而 $F_1,F_2,\cdots,F_n$ 是互不相交的闭集,可知 $f(x)$ 在 $F=\bigcup\limits_{i=1}^{n}F_i$ 上连续.显然 F 也是闭集,且有

$$m(E\setminus F)=\sum_{i=1}^{n}m(E_i\setminus F_i)<\sum_{i=1}^{n}\frac{\delta}{n}=\delta.$$

(2) 其次考虑 $f(x)$ 是有界可测函数的情形.根据定理 4.11 可知,存在可测简单函数列 $\{\varphi_k(x)\}$ 在 E 上一致收敛于 $f(x)$.根据上述已证明的情形(1),对任给的 $\delta>0$ 以及每个 $\varphi_k(x)$,存在 E 中的闭集 F_k 满足

$$m(E\setminus F_k)<\frac{\delta}{2^k},$$

使得 $\varphi_k(x)$ 在 F_k 上连续.令 $F=\bigcap\limits_{k=1}^{\infty}F_k$,则 $F\subset E$,且有

$$m(E\setminus F)\leqslant\sum_{k=1}^{\infty}m(E\setminus F_k)<\delta.$$

因为每个 $\varphi_k(x)$ 在 F 上都是连续的,且一致收敛于 f,所以 $f(x)$ 在 F 上连续.

（3）当 $f(x)$ 是无界可测函数时，作变换

$$g(x) = \frac{f(x)}{1+|f(x)|} \quad \left(f(x) = \frac{g(x)}{1-|g(x)|}\right),$$

则 g 是有界可测函数. 对 g 利用上述（2）的结论，且由于 f 与 g 有相同的连续点，从而对 f 结论也成立. □

对于一元函数，可测函数与连续函数还有下列一些特殊的结论.

定理 4.22 如果 $f(x)$ 是 $E \subset \mathbb{R}$ 上的几乎处处有限的可测函数，则对任给的 $\delta > 0$，存在闭集 $F \subset E$ 和 $\mathbb{R}$ 上的连续函数 $g(x)$，使得 $f(x) = g(x)$，$\forall x \in F$，且 $m(E \backslash F) \leqslant \delta$. 此外还有

$$\inf_{\mathbb{R}} g(x) = \inf_{F} f(x), \quad \sup_{\mathbb{R}} g(x) = \sup_{F} f(x). \tag{4.9}$$

证明 由定理 4.21 可知，对任给 $\delta > 0$，存在 E 中的闭集 F，满足 $m(E \backslash F) < \delta$，使得 $f(x)$ 是 F 上的连续函数. 下面将 f 从 F 连续地延拓到整个实轴上. 我们将补充 F 外面点上的定义，使 f 连续.

因 $\mathbb{R} \backslash F$ 是开集，所以有 $\mathbb{R} \backslash F = \bigcup_{k}(a_k, b_k)$. 令 $\alpha_i = \dfrac{f(b_i) - f(a_i)}{b_i - a_i}$. 定义函数如下：

$$g(x) = \begin{cases} f(x), & x \in F; \\ f(a_i) + \alpha_i(x - a_i), & x \in (a_i, b_i), a_i, b_i \text{ 均有限}; \\ f(a_i), & x \in (a_i, b_i), b_i = +\infty; \\ f(b_i), & x \in (a_i, b_i), a_i = -\infty. \end{cases}$$

由上述定义，式（4.9）显然成立. 下面证明 g 连续. 显然 $\mathbb{R} \backslash F$ 中的点都是连续的，因此只需证明 F 中的点也都是连续点.

设 $x_0 \in F$，下面证明 g 在 x_0 处连续. 因 f 在 F 上连续，任给 $\varepsilon > 0$，存在 $\delta > 0$ 使得当 $x \in F \bigcap (x_0 - \delta, x_0 + \delta)$ 时，有

$$|g(x) - g(x_0)| = |f(x) - f(x_0)| < \varepsilon.$$

下面分两种情形证明 g 在 x_0 处左连续.

（1）若 $(x_0 - \delta, x_0) \bigcap F = \varnothing$，则 $x_0 = b_i$ 且 $(x_0 - \delta, x_0) \subset (a_i, b_i]$. 而 g 在 $(a_i, b_i]$ 上左连续，从而 g 在 x_0 处左连续.

（2）若 $(x_0 - \delta, x_0) \bigcap F \neq \varnothing$，设 $x' \in (x_0 - \delta, x_0) \bigcap F$. 当 $x \in (x', x_0) \bigcap F$，则由上述已得结论，$|g(x) - g(x_0)| < \varepsilon$. 若 $x \in (x', x_0)$，但 $x \notin F$，注意到 $x', x_0 \in F$，因此存在 (a_i, b_i)，使得 $x \in (a_i, b_i) \subset (x', x_0)$. 因 $a_i, b_i \in [x', x_0] \bigcap F$，所以

$$|g(a_i) - g(x_0)| < \varepsilon, \quad |g(b_i) - g(x_0)| < \varepsilon.$$

不妨设 $g(a_i) \leqslant g(b_i)$，从而

$$g(x) \in (g(a_i), g(b_i)) \subset (g(x_0) - \varepsilon, g(x_0) + \varepsilon),$$

所以 $|g(x) - g(x_0)| < \varepsilon$. 这样 g 在 x_0 处左连续.

同理可证 g 在 x_0 处右连续.

上述证明思路可参见下面的图示 4.2.

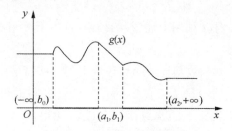

图 4.2　闭集上的连续函数延拓

从上述证明中可以知道,如果 f 是有界函数,满足 $|f(x)|\leqslant M, \forall x\in E$,则延拓函数 g 也是有界的,且 $|g(x)|\leqslant M, \forall x\in\mathbb{R}$.

定理 4.23　若 $f(x)$ 是 $E\subset\mathbb{R}$ 上的几乎处处有限的可测函数,则存在 $\mathbb{R}$ 上的一列连续函数 $f_n(x)$,使得 $f_n\rightarrow f$ a.e. 于 E. 此外,如果 $|f(x)|\leqslant M, \forall x\in E$,则
$$|f_n(x)|\leqslant M, \quad \forall x\in\mathbb{R}, \forall n\geqslant 1.$$

证明　由定理 4.22 可知,对于任意趋于零的正数列 $\{\delta_k\}$,存在 $\mathbb{R}$ 上的连续函数列 $\{g_k(x)\}$,使得 $m(E[g_k\neq f])\leqslant\delta_k$. 于是对任意 $\sigma>0$,有
$$m(E[|g_k-f|\geqslant\sigma])\leqslant m(E[g_k\neq f])\leqslant\delta_k\rightarrow 0,$$
所以 $\{g_k\}$ 在 E 上依测度收敛于 f.

由 Riesz 定理,存在子列 $\{g_{k_n}\}$ 在 E 上几乎处处收敛于 f. 令 $f_n=g_{k_n}$,则定理得证.

上述定理 4.22 和定理 4.23 中关于一维空间上可测函数的结论可以推广到空间 $\mathbb{R}^n$ 上,主要困难是在证明定理 4.22 时,需要把 $\mathbb{R}^n$ 中闭集上的连续函数延拓到全空间 $\mathbb{R}^n$ 上.这需要一些复杂的技巧,本书省略它的详细过程,感兴趣的读者请参考有关教材.

4.5　复合函数的可测性

下面我们讨论可测函数的复合函数可测性,首先来证明一条引理.

引理 4.24　设 $f(x)$ 是 $\mathbb{R}^n$ 上的有限实值函数,则 $f(x)$ 在 $\mathbb{R}^n$ 上可测的充分必要条件是对 $\mathbb{R}$ 中的任意开集 G,$f^{-1}(G)$ 是可测的.

证明　由定理 4.2,充分性是显然的,下面证明必要性.

由 f 的可测性可知 $f^{-1}((a,\infty))$ 总是可测的. 对任意 $a<b$,有
$$f^{-1}((a,b))=f^{-1}((a,\infty))\backslash f^{-1}([b,\infty)),$$

利用定理 4.1 可得 $f^{-1}((a,b))$ 是可测的. 若 $G \subset \mathbb{R}$ 是开集,则有

$$G = \bigcup_{k \geq 1} (a_k, b_k),$$

又

$$f^{-1}(G) = \bigcup_{k \geq 1} f^{-1}(a_k, b_k),$$

从而 $f^{-1}(G)$ 是可测集. □

注 4.5 上述结论对非有限实函数不一定成立.

定理 4.25 设 $f(x)$ 是定义在 $\mathbb{R}$ 上的连续函数,$g(x)$ 是定义在 $\mathbb{R}$ 上的有限实值可测函数,则复合函数

$$h(x) = f(g(x))$$

在 $\mathbb{R}$ 上是可测的.

证明 对任一开集 $G \subset \mathbb{R}$,因为 $f^{-1}(G)$ 是开集,所以根据 g 的可测性知道

$$g^{-1}(f^{-1}(G))$$

是可测集,这说明 $h(x) = f(g(x))$ 是 $\mathbb{R}$ 上的可测函数. □

注 4.6 有例子说明:$f(x)$ 可测,$g(x)$ 是连续的,但复合函数 $f(g(x))$ 不可测.

定理 4.26 设 $\varphi: \mathbb{R}^n \to \mathbb{R}^n$ 是连续变换,使得当 A 是零测集时,$\varphi^{-1}(A)$ 也是零测集. 若 f 是 $\mathbb{R}^n$ 上的有限实值可测函数,则 $f(\varphi(x))$ 是 $\mathbb{R}^n$ 上的可测函数.

证明 设 G 是 $\mathbb{R}$ 中的开集,由假设 $f^{-1}(G)$ 是可测集. 不妨设

$$f^{-1}(G) = E \backslash A,$$

其中 $m(A) = 0$,且 E 是 G_δ 型集. 由假设可知 $\varphi^{-1}(A)$ 是零测集,又由 φ 的连续性可知 $\varphi^{-1}(E)$ 也是 G_δ 型集. 注意到下列集合关系

$$\varphi^{-1}(f^{-1}(G)) = \varphi^{-1}(E) \backslash \varphi^{-1}(A),$$

我们可以得到

$$(f \circ \varphi)^{-1}(G) = \varphi^{-1}(f^{-1}(G))$$

是可测集,这说明 $f \circ \varphi$ 是 $\mathbb{R}^n$ 上的可测函数. □

例 4.7 设 $f(x)$ 是 $\mathbb{R}^n$ 上的实值可测函数,$\varphi(x) = Ax, x \in \mathbb{R}^n$,其中 A 是 n 阶非奇异矩阵,则复合函数 $f(\varphi(x))$ 是 $\mathbb{R}^n$ 上的可测函数.

习题 4

A 组

1. 证明:$f(x)$ 是 E 上可测函数的充要条件是对任意有理数 r,集合 $E[f > r]$ 可测. 如果集合 $E[f = r]$ 可测,问 $f(x)$ 是否可测?

2. 设 $|f|$ 是 $\mathbb{R}^n$ 上的可测函数,且点集

$$\{x: f(x) > 0\}$$

是可测集,试证明: $f(x)$ 是可测函数.

3. 设 $[a,b]$ 上的函数 $f(x)$,若对任意的 $[\alpha,\beta] \subset (a,b)$, $f(x)$ 是 $[\alpha,\beta]$ 上的可测函数,证明: $f(x)$ 是 $[a,b]$ 上的可测函数.

4. 设 $\{f_n\}$ 为 E 上可测函数列,证明:其收敛点集和发散点集都是可测的.

5. 设 E 是 $[0,1]$ 中的不可测集,令

$$f(x) = \begin{cases} x, & x \in E, \\ -x, & x \in [0,1] \backslash E, \end{cases}$$

问 $f(x)$ 在 $[0,1]$ 上是否可测? $|f(x)|$ 是否可测?

6. 设 $f(x)$ 是 $[a,b]$ 上的可微函数,试证明: $f'(x)$ 是 $[a,b]$ 上的可测函数.

7. 证明:若 $f(x)$ 是 $(-\infty,+\infty)$ 上的连续函数, $g(x)$ 为 $[a,b]$ 上的可测函数,则 $f(g(x))$ 是可测函数.

8. 所谓一个命题族在 E 上"基本上"成立是指,对任意 $\delta > 0$,存在 $E_\delta \subset E$ 使得 $m(E_\delta) < \delta$,且在 $E \backslash E_\delta$ 上这族命题成立.设函数列 $\{f_n(x)\}(n=1,2,\cdots)$ 在有界集 E 上"基本上"一致收敛于 $f(x)$,证明: $\{f_n\}$ 几乎处处收敛于 f.

9. 设 $E_1 \bigcap E_2 = \varnothing$, f 分别在 E_1 和 E_2 上都是连续的.如果 $\operatorname{dist}(E_1,E_2) > 0$,证明: f 在 $E_1 \bigcup E_2$ 上也是连续的.如果 $\operatorname{dist}(E_1,E_2) = 0$,上述结论是否仍成立? 为什么?

10. 试证鲁津定理的逆定理:若 $\forall \delta > 0$, $\exists$ 闭子集 $F_\delta \subset E$,使 $m(E \backslash F_\delta) \leqslant \delta$,且 $f(x)$ 在 F_δ 上是连续的,则 $f(x)$ 在 E 上是可测函数.

11. 设函数列 $\{f_n\}$ 在 E 上依测度收敛于 f,且 $f_n(x) \leqslant g(x)$ a.e. 于 E, $n=1,2,\cdots$. 试证明: $f(x) \leqslant g(x)$ 在 E 上几乎处处成立.

12. 设在 E 上 $f_n(x) \Rightarrow f(x)$,且 $f_n(x) \leqslant f_{n+1}(x)$ 几乎处处成立, $n=1,2,\cdots$. 证明: $f_n(x)$ 几乎处处收敛于 $f(x)$.

13. 设 $m(E) < \infty$,证明:在 E 上 $f_n(x) \Rightarrow f(x)$ 的充要条件是对于函数列 $\{f_n\}$ 的任何子列 $\{f_{n_k}\}$,存在 $\{f_{n_k}\}$ 的子列 $\{f_{n_{k_j}}\}$,使得 $\lim\limits_{j \to \infty} f_{n_{k_j}} = f(x)$ a.e. 于 E.

14. 设 $m(E) < \infty$,几乎处处有限的可测函数列 $f_n(x)$ 和 $g_n(x)$, $n=1,2,\cdots$ 分别依测度收敛于 $f(x)$ 和 $g(x)$,证明:

(1) $|f_n| \Rightarrow |f|$;

(2) $f_n(x)g_n(x) \Rightarrow f(x)g(x)$;

(3) $f_n(x)+g_n(x) \Rightarrow f(x)+g(x)$;

(4) $\min\{f_n(x),g_n(x)\} \Rightarrow \min\{f(x),g(x)\}$;

(5) $\max\{f_n(x),g_n(x)\} \Rightarrow \max\{f(x),g(x)\}$.

15. 设 $f(x) = f(\xi_1,\xi_2)$ 是 $\mathbb{R}^2$ 上的连续函数, $g_1(x),g_2(x)$ 是 $[a,b] \subset \mathbb{R}$ 上的实

值可测函数,试证明:$F(x)=f(g_1(x),g_2(x))$ 是 $[a,b]$ 上的可测函数.

B 组

16. 设 $f(x),g(x)$ 是 $(0,1)$ 上的可测函数,且对任意的 $t\in\mathbb{R}$ 有
$$m(\{x:f(x)\geqslant t\})=m(\{x:g(x)\geqslant t\})\quad(\text{即互为等可测函数}),$$
若 $f(x),g(x)$ 都是单调下降左连续的函数,试证明:$f(x)=g(x)$,$0<x<1$.

17. 设 $\{f_n(x)\}$ 是 E 上的可测函数列,$m(E)<\infty$,试证明:
$$\lim_{n\to\infty}f_n(x)=0\quad\text{a.e. }x\in E$$
的充分必要条件是对任意的 $\varepsilon>0$,有
$$\lim_{n\to\infty}m\Big(\{x\in E:\sup_{k>n}|f_k(x)|\geqslant\varepsilon\}\Big)=0.$$

18. 设 $f(x),f_1(x),\cdots,f_n(x),\cdots$ 是 $[a,b]$ 上几乎处处有限的可测函数,且有
$$\lim_{n\to\infty}f_n(x)=f(x)\text{ a.e. }x\in E.$$
试证明:存在 $E_n\subset[a,b]\ (n=1,2,\cdots)$,使得
$$m\Big([a,b]\setminus\bigcup_{n=1}^{\infty}E_n\Big)=0,$$
而 $\{f_n(x)\}$ 在每个 E_n 上一致收敛于 $f(x)$.

19. 设 $\{f_n(x)\}$ 在 $[a,b]$ 上依测度收敛于 $f(x)$,$g(x)$ 是 $\mathbb{R}$ 上的连续函数,试证明:$\{g(f_n(x))\}$ 在 $[a,b]$ 上依测度收敛于 $g(f(x))$.

20. 若 f_n,f 都是 E 上的几乎处处有限函数,且 $f_n^3\Rightarrow f^3$,问 $f_n\Rightarrow f$ 是否成立?又如果 $f_n\Rightarrow f$,是否成立 $f_n^3\Rightarrow f^3$?

21. 若 f^3 在 E 上是可测的,问 f 在 E 上是否可测?

22. 设 f 是 $E=[a,b]$ 上几乎处处有限的可测函数,令
$$g(x)=m\big(E[f>x]\big),\quad h(x)=m\big(E[f\geqslant x]\big),$$
证明:g 是右连续函数,而 h 是左连续函数.

5 Lebesgue 积分

发展 Lebesgue 积分理论的目的是将 Riemann 积分推广到更广一类的可测函数上,使得在此可积函数类中,关于极限运算有比较好的性质,例如有比 Riemann 积分更加广泛而有用的收敛定理,关于极限运算有好的封闭性. 该性质通常称为一种完备性. 这种从 Riemann 可积函数类到 Lebesgue 可积函数类的扩充,理论意义上等同于从有理数域到实数域的扩充,都是要解决数学中的完备性问题. 可以说没有实数理论就没有微积分理论,而没有实变函数理论就没有现代数学理论.

Lebesgue 积分是在 Lebesgue 测度理论基础上建立起来的,Lebesgue 测度是定义 Lebesgue 积分的基础. 事实上,Lebesgue 积分问题根本上也是测度问题. 关于 Lebesgue 积分有许多不同的理论体系,而定义 Lebesgue 积分也有着各种不同的等价方法. 这里我们采用从简单到复杂的思路来展开,也就是先定义非负简单可测函数的积分;注意到简单可测函数与非负可测函数的关系,我们就可以给出非负可测函数的积分;再通过可测函数的正部函数与负部函数,利用

$$f(x) = f^+(x) - f^-(x),$$

就有了一般可测函数积分的定义.

5.1 非负可测函数的积分

1) 非负简单可测函数的积分

定义 5.1 设 E 是可测集,$f(x)$ 是 E 上的非负简单可测函数,则存在 E 的两两不相交的可测子集 $\{E_j\}_{j=1}^n$ 和实数 $\{c_j\}_{j=1}^n$,使得

$$f(x) = \sum_{j=1}^n c_j \chi_{E_j}(x).$$

定义 f 在 E 上积分为

$$\int_E f(x)\mathrm{d}x \triangleq \sum_{j=1}^n c_j\, m(E_j).$$

例 5.1 考虑 $[0,1]$ 上函数

$$f(x) = \begin{cases} 0, & x \in [0,1] \text{ 是有理数}, \\ 1, & x \in [0,1] \text{ 是无理数}, \end{cases}$$

我们有

$$\int_{[0,1]} f(x)\mathrm{d}x = 1.$$

关于简单可测函数的积分,见图示 5.1.

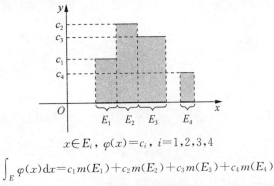

$$x \in E_i,\ \varphi(x) = c_i,\ i = 1,2,3,4$$

$$\int_E \varphi(x)\mathrm{d}x = c_1 m(E_1) + c_2 m(E_2) + c_3 m(E_3) + c_4 m(E_4)$$

图 5.1 L-积分

从定义 5.1 和例 5.1 可以看出,L-积分是把函数值作为出发点,把函数取值相同或相近的那些自变量的点集中到一起来考虑. 这个思想与 Riemann 积分有本质区别. R-积分是把自变量作为出发点,在任一小区间里函数值的变化要比较均匀,其中任意一点的函数值可近似作为这个小区间上的平均值. 这就要求 R-积分的函数在小的范围里不能振荡太大. 而这两种不同的看法导致了两种不同的积分理论.

定理 5.1(积分的线性性质) 设 $f(x), g(x)$ 是 E 上的非负可测简单函数,则有下列结论:

(1) $\int_E \alpha f(x)\mathrm{d}x = \alpha \int_E f(x)\mathrm{d}x$,其中 $\alpha \geqslant 0$ 是常数;

(2) $\int_E (f(x) + g(x))\mathrm{d}x = \int_E f(x)\mathrm{d}x + \int_E g(x)\mathrm{d}x.$

证明 (1) 可从定义直接得出.

(2) 假设 $f = \sum\limits_{j=1}^{n} a_j \chi_{A_j},\ g = \sum\limits_{j=1}^{l} b_j \chi_{B_j}$,其中 $\{A_j\}$ 和 $\{B_j\}$ 都是 E 中的两两不相交的可测子集,且 $E = \bigcup A_j = \bigcup B_j$. 因为 $f(x) + g(x) = \sum\limits_{i,j} e_{ij} \chi_{E_{ij}}$,其中 $E_{ij} = A_i \bigcap B_j$ 是 E 中的两两不相交的可测子集,$e_{ij} = a_i + b_j$,所以有

$$\int_E (f(x) + g(x))\mathrm{d}x = \sum_{i=1}^{n} \sum_{j=1}^{l} e_{ij} m(E_{ij}) = \sum_{i=1}^{n} \sum_{j=1}^{l} (a_i + b_j) m(A_i \bigcap B_j)$$

$$= \sum_{i=1}^{n} a_i \sum_{j=1}^{l} m(A_i \bigcap B_j) + \sum_{j=1}^{l} b_j \sum_{i=1}^{n} m(A_i \bigcap B_j)$$

$$= \sum_{i=1}^{n} a_i m(A_i) + \sum_{j=1}^{l} b_j m(B_j)$$

$$= \int_E f(x)\mathrm{d}x + \int_E g(x)\mathrm{d}x. \qquad \square$$

定理 5.2 设 $f(x)$ 是 E 上的非负可测简单函数,若 $E = E_1 \bigcup E_2$,其中 E_1, E_2 是 E 的不相交的可测子集,则

$$\int_E f(x)\mathrm{d}x = \int_{E_1} f(x)\mathrm{d}x + \int_{E_2} f(x)\mathrm{d}x.$$

证明 假设 $f = \sum_{j=1}^{n} a_j \chi_{A_j}$. 注意到 $E_1 \bigcap E_2 = \varnothing$,我们有

$$m(A_j) = m(E_1 \bigcap A_j) + m(E_2 \bigcap A_j),$$

则由定义,有

$$\int_E f(x)\mathrm{d}x = \sum_{j=1}^{n} a_j (m(E_1 \bigcap A_j) + m(E_2 \bigcap A_j))$$
$$= \int_{E_1} f(x)\mathrm{d}x + \int_{E_2} f(x)\mathrm{d}x. \qquad \square$$

定理 5.3 设 $\{E_n\}$ 是递增可测集合列,$E = \bigcup_{n=1}^{\infty} E_n$,若 $f(x)$ 是 E 上的非负可测简单函数,则

$$\int_E f(x)\mathrm{d}x = \lim_{n \to \infty} \int_{E_n} f(x)\mathrm{d}x.$$

证明 设 $f(x) = \sum_{j=1}^{N} a_j \chi_{A_j}$,则在 E_n 上有 $f(x) = \sum_{j=1}^{N} a_j \chi_{E_n \bigcap A_j}$,从而 f 限制在每一个 E_n 上也是非负可测简单函数. 注意到 $E_n \to E$ 和 $E_n \bigcap A_j \to A_j, n \to \infty$,由定义 5.1 和定理 3.12,有

$$\lim_{n \to \infty} \int_{E_n} f(x)\mathrm{d}x = \lim_{n \to \infty} \sum_{j=1}^{N} a_j m(E_n \bigcap A_j)$$
$$= \sum_{j=1}^{N} a_j m(A_j) = \int_E f(x)\mathrm{d}x. \qquad \square$$

2) 非负可测函数的积分

对于 E 上的非负可测函数,有一列单调增加的简单函数列处处收敛于它,于是自然想到利用非负简单函数的积分来定义一般非负可测函数的积分. 设 f 是 E 上的非负可测函数,我们将小于等于 f 的非负简单可测函数的全体记为 S_f,即

$$S_f = \{\varphi : \varphi \text{ 为 } E \text{ 上非负简单可测函数},\text{且 } 0 \leqslant \varphi \leqslant f\},$$

则由非负可测函数的逼近定理,可知 $f(x) = \sup\limits_{\varphi \in S_f} \varphi(x)$. 自然地,我们有下列非负可测函数积分的定义.

定义 5.2 设 f 是 E 上的非负可测函数,定义 f 在 E 上的积分为

$$\int_E f(x)\mathrm{d}x \triangleq \sup_{\varphi \in S_f} \int_E \varphi(x)\mathrm{d}x,$$

若 $\int_E f(x)\mathrm{d}x < \infty$,则称 $f(x)$ 在 E 上是可积的,此时称 $f(x)$ 是 E 上的可积函数.

需要注意的是,非负可测函数的积分值可以是 $+\infty$.

定理 5.4 设 f 是 E 上的非负可测函数,则以下结论成立:

(1) 若 $m(E)=0$,则 $\displaystyle\int_E f(x)\mathrm{d}x=0$;

(2) 若 $\displaystyle\int_E f(x)\mathrm{d}x=0$,则 $f(x)=0$ a.e. $x\in E$;

(3) 若 $\displaystyle\int_E f(x)\mathrm{d}x<\infty$,则 $f(x)<\infty$ a.e. $x\in E$.

证明 (1) 因为零测集上的任意简单函数的积分为 0,由定义,结论显然成立.

(2) 令 $E_n=E\left[f\geqslant\dfrac{1}{n}\right]$,定义

$$\varphi(x)=\begin{cases} \dfrac{1}{n}, & x\in E_n,\\[2mm] 0, & x\notin E_n, \end{cases}$$

则 $\varphi(x)$ 是 E 上的简单可测函数,且 $\varphi(x)\leqslant f$. 于是

$$\frac{1}{n}m(E_n)=\int_E\varphi(x)\mathrm{d}x\leqslant\int_E f(x)\mathrm{d}x=0,$$

从而有

$$m(E_n)=0, \quad \forall\, n\geqslant 1.$$

又 $E[f>0]=\bigcup\limits_{n\geqslant 1}E_n$,从而 $m(E[f>0])=0$,所以 $f(x)=0$ a.e. $x\in E$.

(3) 令 $E_\infty=E[f=+\infty]$,定义

$$\varphi(x)=\begin{cases} n, & x\in E_\infty,\\ 0, & x\notin E_\infty, \end{cases}$$

则 $\varphi(x)$ 是 E 上的简单可测函数,且 $\varphi(x)\leqslant f$. 于是

$$n\cdot m(E_\infty)=\int_E\varphi(x)\mathrm{d}x\leqslant\int_E f(x)\mathrm{d}x<\infty, \quad \forall\, n\geqslant 1,$$

从而得到 $m(E_\infty)=0$,所以 $f(x)<\infty$ a.e. $x\in E$. $\qquad\square$

定理 5.5 设 $f(x)$ 是 E 上的非负可测函数,若 $\alpha\geqslant 0$ 是常数,则

$$\int_E\alpha f(x)\mathrm{d}x=\alpha\int_E f(x)\mathrm{d}x.$$

证明 根据定理 5.1 以及定义 5.2 可以直接得出上面的等式. $\qquad\square$

定理 5.6 设 $f(x)$ 是 E 上的非负可测函数,若 $E=E_1\bigcup E_2$,其中 E_1 和 E_2 是 E 的不相交的可测子集,则

$$\int_E f(x)\mathrm{d}x=\int_{E_1}f(x)\mathrm{d}x+\int_{E_2}f(x)\mathrm{d}x.$$

证明 首先注意到,由定理 5.2 可知,当 f 是简单函数时上述结论已经成立. 任给 E 上的非负简单可测函数 φ,使得在 E 上满足 $\varphi\leqslant f$,又限制在 E_1 和 E_2 上也

有 $\varphi \leqslant f$. 由定义

$$\int_E \varphi(x)\mathrm{d}x = \int_{E_1} \varphi(x)\mathrm{d}x + \int_{E_2} \varphi(x)\mathrm{d}x \leqslant \int_{E_1} f(x)\mathrm{d}x + \int_{E_2} f(x)\mathrm{d}x,$$

所以

$$\int_E f(x)\mathrm{d}x = \sup_{\varphi \in S_f} \int_E \varphi(x)\mathrm{d}x \leqslant \int_{E_1} f(x)\mathrm{d}x + \int_{E_2} f(x)\mathrm{d}x.$$

同样,任给 E_1 和 E_2 上的非负简单可测函数 φ_1 和 φ_2,使得在 E_j 上,有

$$\varphi_j \leqslant f, \quad j = 1, 2.$$

令

$$\varphi(x) = \begin{cases} \varphi_1(x), & x \in E_1, \\ \varphi_2(x), & x \in E_2, \end{cases}$$

则 $\varphi(x)$ 是 E 上的简单可测函数,且 $\varphi(x) \leqslant f$. 于是

$$\int_E \varphi(x)\mathrm{d}x = \int_{E_1} \varphi(x)\mathrm{d}x + \int_{E_2} \varphi(x) \leqslant \int_E f(x)\mathrm{d}x,$$

所以

$$\int_{E_1} f(x)\mathrm{d}x + \int_{E_2} f(x)\mathrm{d}x = \sup_{\varphi_1 \in S_f} \int_{E_1} \varphi_1(x)\mathrm{d}x + \sup_{\varphi_2 \in S_f} \int_{E_2} \varphi_2(x)\mathrm{d}x$$

$$\leqslant \int_E f(x)\mathrm{d}x.$$

结合上述已得到的反向不等式,定理证毕. $\square$

注 5.1 由上述定理 5.4 和定理 5.6 可知,函数在一个零测集上的值不会影响函数的积分. 换句话说,可以随意改变函数在一个零测集上的定义而不会影响它的可积性和积分值. 对于 L-积分来讲,零测集上的函数值是可以忽略不计的,从这里我们可以进一步体会到"几乎处处"的含义.

注 5.2 若 $f(x)$ 是 E 上的非负可测函数,A 是 E 中的可测子集,则

$$\int_A f(x)\mathrm{d}x = \int_E f(x)\chi_A(x)\mathrm{d}x.$$

定理 5.7 设 $f(x), g(x)$ 是 E 上的非负可测函数,则以下结论成立:

(1) 若 $f(x) \leqslant g(x)$ a.e. $x \in E$,则 $\int_E f(x)\mathrm{d}x \leqslant \int_E g(x)\mathrm{d}x$;

(2) 若 $f(x) = g(x)$ a.e. $x \in E$,则 $\int_E f(x)\mathrm{d}x = \int_E g(x)\mathrm{d}x$.

证明 结论(2)可由(1)直接推得,所以只要证明(1).

除去 E 的一个零测子集,不妨假设 $f(x) \leqslant g(x)$, $\forall x \in E$. 事实上,设 $\varphi(x)$ 为 E 上的非负可测简单函数,且 $\varphi(x) \leqslant f(x)$, $\forall x \in E$,则有 $\varphi(x) \leqslant g(x)$, $\forall x \in E$. 从而由定义 5.2 知道

$$\int_E \varphi(x)\mathrm{d}x \leqslant \int_E g(x)\mathrm{d}x,$$

由此即得

$$\int_E f(x)\mathrm{d}x = \sup_{\varphi\in S_f}\int_E \varphi(x)\mathrm{d}x \leqslant \int_E g(x)\mathrm{d}x.\qquad\square$$

定理 5.8(Levi 定理)　设 $\{f_n\}$ 是 E 上的非负可测函数列,如果

(1) $f_1(x)\leqslant f_2(x)\leqslant\cdots\leqslant f_n(x)\leqslant\cdots$ a.e. $x\in E$;

(2) $\lim\limits_{n\to\infty}f_n(x)=f(x)$ a.e. $x\in E$,

那么

$$\lim_{n\to\infty}\int_E f_n(x)\mathrm{d}x = \int_E \lim_{n\to\infty}f_n(x)\mathrm{d}x = \int_E f(x)\mathrm{d}x.$$

证明　由上述注 5.1,不妨假设定理条件(1)和(2)在 E 上处处成立.由假设知 $f(x)$ 也是 E 上的非负可测函数,从而积分 $\int_E f(x)\mathrm{d}x$ 有定义.再由定理 5.7,有

$$\int_E f_n(x)\mathrm{d}x \leqslant \int_E f_{n+1}(x)\mathrm{d}x,\ n=1,2,\cdots,\qquad(5.1)$$

所以 $\lim\limits_{n\to\infty}\int_E f_n(x)\mathrm{d}x$ 存在(可以有限或无穷).又由函数列的单调增加性可知

$$f_n(x)\leqslant f(x),\qquad \forall\, n\geqslant 1,$$

从而

$$\lim_{n\to\infty}\int_E f_n(x)\mathrm{d}x \leqslant \int_E f(x)\mathrm{d}x.\qquad(5.2)$$

下面证明反向的不等式.现任取常数 $c\in(0,1)$,设 $\varphi(x)$ 是 E 上的非负可测简单函数,且

$$\varphi(x)\leqslant f(x),\qquad x\in E.$$

记 $E_n=\{x\in E: f_n(x)\geqslant c\varphi(x)\}$,则 $\{E_n\}$ 是递增集列,且 $\lim\limits_{n\to\infty}E_n=E$.根据定理 5.3 可知

$$\lim_{n\to\infty}\int_{E_n}\varphi(x)\mathrm{d}x = \int_E \varphi(x)\mathrm{d}x,$$

利用不等式

$$\int_E f_n(x)\mathrm{d}x \geqslant \int_{E_n} f_n(x)\mathrm{d}x \geqslant \int_{E_n} c\varphi(x)\mathrm{d}x = c\int_{E_n}\varphi(x)\mathrm{d}x,$$

由定理 5.3 得到

$$\lim_{n\to\infty}\int_E f_n(x)\mathrm{d}x \geqslant c\int_E \varphi(x)\mathrm{d}x.$$

再在上式中令 $c\to 1^-$,有

$$\lim_{n\to\infty}\int_E f_n(x)\mathrm{d}x \geqslant \int_E \varphi(x)\mathrm{d}x,$$

于是

$$\lim_{n\to\infty}\int_E f_n(x)\mathrm{d}x \geqslant \sup_{\varphi\in S_f}\int_E\varphi(x)\mathrm{d}x = \int_E f(x)\mathrm{d}x.$$

结合上述不等式(5.2),定理得证. □

Levi 定理表明,对于单调增加的非负可测函数列来说,可以交换求极限与求积分的次序. 特别是当极限函数的积分是无穷大时,Levi 定理仍然成立.

由 Levi 定理,我们可得到下列结论:

定理 5.9 设 $f(x),g(x)$ 是 E 上的非负可测函数,$\alpha,\beta\geqslant 0$ 是常数,则

$$\int_E(\alpha f(x)+\beta g(x))\mathrm{d}x = \alpha\int_E f(x)\mathrm{d}x+\beta\int_E g(x)\mathrm{d}x.$$

证明 由定理 5.5 可知,只需证明 $\alpha=\beta=1$ 的情形. 由定理 4.11,设 $\{\varphi_n(x)\}$,$\{\psi_n(x)\}$ 是单调增加的非负可测简单函数列,且有

$$\lim_{n\to\infty}\varphi_n(x)=f(x),\quad \lim_{n\to\infty}\psi_n(x)=g(x),\quad x\in E,$$

则 $\{\varphi_n(x)+\psi_n(x)\}$ 仍为单调增加非负可测简单函数列,且有

$$\lim_{n\to\infty}(\varphi_n(x)+\psi_n(x))=f(x)+g(x),\quad x\in E,$$

从而由 Levi 定理和定理 5.1 可知

$$\begin{aligned}
\int_E(f(x)+g(x))\mathrm{d}x &= \lim_{n\to\infty}\int_E(\varphi_n(x)+\psi_n(x))\mathrm{d}x\\
&= \lim_{n\to\infty}\int_E\varphi_n(x)\mathrm{d}x+\lim_{n\to\infty}\int_E\psi_n(x)\mathrm{d}x\\
&= \int_E f(x)\mathrm{d}x+\int_E g(x)\mathrm{d}x.\quad\square
\end{aligned}$$

定理 5.10(逐项积分) 若 $\{f_n(x)\}$ 是 E 上的非负可测函数列,则有

$$\int_E\sum_{n=1}^{\infty}f_n(x)\mathrm{d}x = \sum_{n=1}^{\infty}\int_E f_n(x)\mathrm{d}x. \tag{5.3}$$

证明 令 $S_n(x)=\sum_{k=1}^{n}f_k(x)$,则 $\{S_n(x)\}$ 是 E 上的非负单增的可测函数列,且

$$\lim_{n\to\infty}S_n(x)=\sum_{k=1}^{\infty}f_k(x),$$

从而由 Levi 定理和积分的线性性质可知

$$\begin{aligned}
\int_E\sum_{n=1}^{\infty}f_n(x)\mathrm{d}x &= \lim_{n\to\infty}\int_E S_n(x)\mathrm{d}x = \lim_{n\to\infty}\sum_{k=1}^{n}\int_E f_k(x)\mathrm{d}x\\
&= \sum_{n=1}^{\infty}\int_E f_n(x)\mathrm{d}x.\quad\square
\end{aligned}$$

定理 5.11 设 $\{E_n\}$ 是可测集列,且 $E_m\bigcap E_n=\varnothing\ (m\neq n)$. 若 $f(x)$ 是 $E=\bigcup_{n=1}^{\infty}E_n$ 上的非负可测函数,则

$$\int_E f(x)\mathrm{d}x = \sum_{n=1}^{\infty}\int_{E_n}f(x)\mathrm{d}x. \tag{5.4}$$

证明　由逐项积分定理可得

$$\sum_{n=1}^{\infty}\int_{E_n}f(x)\mathrm{d}x = \sum_{n=1}^{\infty}\int_{E}f(x)\chi_{E_n}(x)\mathrm{d}x = \int_{E}f(x)\sum_{n=1}^{\infty}\chi_{E_n}(x)\mathrm{d}x$$

$$= \int_{E}f(x)\mathrm{d}x.\qquad\square$$

上述结论告诉我们,对于非负可测函数项级数,求积分与求级数和总是可以交换次序. 此外,对于非负函数在 E 上的积分,可以分解为任意一列两两不相交的可测子集上的积分和.

定理 5.12(Fatou 引理)　若 $\{f_n(x)\}$ 是 E 上的非负可测函数列,则

$$\int_{E}\varliminf_{n\to\infty}f_n(x)\mathrm{d}x \leqslant \varliminf_{n\to\infty}\int_{E}f_n(x)\mathrm{d}x.\qquad(5.5)$$

证明　令 $g_n(x)=\inf\{f_j(x):j\geqslant n\}$,我们有

$$g_n(x)\leqslant g_{n+1}(x),\quad n=1,2,\cdots,$$

而且

$$\varliminf_{n\to\infty}f_n(x)=\lim_{n\to\infty}g_n(x),\quad x\in E.$$

从而,根据 Levi 定理可知

$$\int_{E}\varliminf_{n\to\infty}f_n(x)\mathrm{d}x = \int_{E}\lim_{n\to\infty}g_n(x)\mathrm{d}x = \lim_{n\to\infty}\int_{E}g_n(x)\mathrm{d}x$$

$$= \varliminf_{n\to\infty}\int_{E}g_n(x)\mathrm{d}x \leqslant \varliminf_{n\to\infty}\int_{E}f_n(x)\mathrm{d}x.\qquad\square$$

Fatou 引理常可用于判断极限函数的可积性. 例如,当 E 上的非负可测函数列 $\{f_n(x)\}$ 满足

$$\int_{E}f_n(x)\mathrm{d}x \leqslant M,\quad n=1,2,\cdots$$

时,我们就得到

$$\int_{E}\varliminf_{n\to\infty}f_n(x)\mathrm{d}x \leqslant M.$$

下面的例子说明 Fatou 引理中的不等号是可能成立的,从而说明 Fatou 引理的结论是最佳的.

例 5.2　在 $[0,1]$ 上作非负可测函数列:

$$f_n(x)=\begin{cases} 0, & x=0, \\ n, & 0<x<\dfrac{1}{n}, \\ 0, & \dfrac{1}{n}\leqslant x\leqslant 1, \end{cases}\quad n=1,2,\cdots,$$

显然, $\lim\limits_{n\to\infty}f_n(x)=0, \forall x\in[0,1]$,因此

$$\int_{[0,1]}\lim_{n\to\infty}f_n(x)\mathrm{d}x = 0 < 1 = \lim_{n\to\infty}\int_{[0,1]}f_n(x)\mathrm{d}x.$$

5.2 一般可测函数的积分

1) 可测函数积分的定义

定义 5.3 设 $f(x)$ 是 E 上的可测函数, f^+, f^- 分别是 f 的正部函数和负部函数. 若积分

$$\int_E f^+(x)\mathrm{d}x, \quad \int_E f^-(x)\mathrm{d}x$$

中至少有一个是有限值, 则称

$$\int_E f(x)\mathrm{d}x \triangleq \int_E f^+(x)\mathrm{d}x - \int_E f^-(x)\mathrm{d}x$$

为 $f(x)$ 在 E 上的积分. 当上式右端两个积分值皆为有限值时, 则称 $f(x)$ 在 E 上是可积的. 在 E 上可积函数的全体记为 $\mathcal{L}(E)$.

注 5.3 可测函数可积和有积分是两个不同的概念. 函数有积分, 它的积分值可以是无穷大; 而只有当它的积分值是有限值时, 才称为可积.

2) 积分的基本性质

L-积分有许多重要的性质, 特别是有许多与 R-积分不同的性质. 对于下面介绍的各种 L-积分的性质, 建议读者与 R-积分的性质进行比较, 这对于理解好 L-积分是非常重要的.

定理 5.13 设 $f(x)$ 在 E 上可测, 则 $f(x)$ 在 E 上可积的充分必要条件是 $|f(x)|$ 在 E 上可积. 此外还有

$$\left| \int_E f(x)\mathrm{d}x \right| \leqslant \int_E |f(x)|\mathrm{d}x. \tag{5.6}$$

证明 由于等式

$$\int_E |f(x)|\mathrm{d}x = \int_E f^+(x)\mathrm{d}x + \int_E f^-(x)\mathrm{d}x$$

成立, 从而当 $f(x)$ 可测时, $f(x)$ 的可积性与 $|f(x)|$ 的可积性是等价的, 并且显然式 (5.6) 成立. □

此定理告诉我们, 要考虑一个可测函数是否可积, 只需考虑它的绝对值函数是否可积. 而绝对值函数是个非负可测函数, 这就便于我们利用非负可测函数的各种积分性质来研究函数的可积性.

例 5.3 若 $m(E) < \infty$, 则 E 上的有界可测函数都是 L-可积的.

事实上, 不妨设 $|f(x)| \leqslant M, \forall x \in E$. 由于 $|f(x)|$ 是 E 上的非负可测函数, 故有

$$\int_E |f(x)| \, dx \leqslant \int_E M \, dx = M \cdot m(E) < \infty,$$

从而 f 在 E 上可积.

定理 5.14 设 E 是可测集, $f(x)$ 是 E 上的可测函数, 则下列结论成立:

(1) 若 $f \in \mathcal{L}(E)$, 则 $f(x)$ 在 E 上是几乎处处有限的;

(2) 若 $f(x) = 0$ a.e. $x \in E$, 则 $\int_E f(x) dx = 0$;

(3) 若 $g \in \mathcal{L}(E)$ 且 $|f(x)| \leqslant g(x)$ a.e. $x \in E$, 则 $f \in \mathcal{L}(E)$.

证明 (1) 分别对 f 的正部 f^+ 和负部 f^- 利用定理 5.4(3) 可得;

(2) 由定义可得;

(3) 由定理 5.7 和定理 5.13 可得. □

定理 5.15 设 E 是可测集, $f(x), g(x)$ 是 E 上的可积函数.

(1) 若 $f(x) \leqslant g(x)$ a.e. $x \in E$, 则 $\int_E f(x) dx \leqslant \int_E g(x) dx$;

(2) 若 $g(x) = f(x)$ a.e. $x \in E$, 则 $\int_E g(x) dx = \int_E f(x) dx$;

(3) 若 $f \in \mathcal{L}(E)$, $E = E_1 \bigcup E_2$, 其中 E_1, E_2 是 E 的两个不相交的可测子集, 则

$$\int_E f(x) dx = \int_{E_1} f(x) dx + \int_{E_2} f(x) dx.$$

证明 (1) 由假设有 $f^+(x) \leqslant g^+(x)$, $g^-(x) \leqslant f^-(x)$ a.e. $x \in E$, 则由定义和定理 5.7 可得结论成立.

(2) 由(1)可得.

(3) 利用定理 5.6, 注意到

$$\int_E f^+(x) dx = \int_{E_1} f^+(x) dx + \int_{E_2} f^+(x) dx,$$

$$\int_E f^-(x) dx = \int_{E_1} f^-(x) dx + \int_{E_2} f^-(x) dx,$$

$$\int_{E_j} f(x) dx = \int_{E_j} f^+(x) dx - \int_{E_j} f^-(x) dx, \quad j = 1, 2,$$

由积分的定义, 结论即可. □

定理 5.16 若 $f, g \in \mathcal{L}(E)$, $\alpha, \beta \in \mathbb{R}$, 则

(1) $\int_E \alpha f(x) dx = \alpha \int_E f(x) dx$;

(2) $\int_E (\alpha f(x) + \beta g(x)) dx = \alpha \int_E f(x) dx + \beta \int_E g(x) dx$.

证明 由定理 5.14, 不妨假定 $f(x)$ 与 $g(x)$ 在 E 上是处处有限的实值函数.

(1) 设 $\alpha \geqslant 0$, 由定义可知

$$(\alpha f)^+ = \alpha f^+, \quad (\alpha f)^- = \alpha f^-.$$

利用积分定义以及定理 5.5,可知

$$\int_E \alpha f(x)\mathrm{d}x = \int_E \alpha f^+(x)\mathrm{d}x - \int_E \alpha f^-(x)\mathrm{d}x$$

$$= \alpha\left(\int_E f^+(x)\mathrm{d}x - \int_E f^-(x)\mathrm{d}\right) = \alpha\int_E f(x)\mathrm{d}x.$$

当 $\alpha=-1$ 时,易知 $(-f)^+=f^-$,$(-f)^-=f^+$,于是

$$\int_E (-f(x))\mathrm{d}x = \int_E f^-(x)\mathrm{d}x - \int_E f^+(x)\mathrm{d}x = -\int_E f(x)\mathrm{d}x.$$

又当 $\alpha<0$ 时,$\alpha f(x)=-|\alpha|f(x)$,则由上述结论可得

$$\int_E \alpha f(x)\mathrm{d}x = \int_E [-|\alpha|f(x)]\mathrm{d}x = -\int_E |\alpha|f(x)\mathrm{d}x$$

$$= -|\alpha|\int_E f(x)\mathrm{d}x = \alpha\int_E f(x)\mathrm{d}x.$$

(2) 我们只要证明 $\alpha=\beta=1$ 的情形. 首先由于 $|f(x)+g(x)|\leqslant|f(x)|+|g(x)|$,可知 $f+g\in\mathcal{L}(E)$. 又

$$(f+g)^+ - (f+g)^- = f+g = f^+ - f^- + g^+ - g^-$$

可知

$$(f+g)^+ + f^- + g^- = (f+g)^- + f^+ + g^+,$$

从而由定理 5.9 得

$$\int_E (f+g)^+(x)\mathrm{d}x + \int_E f^-(x)\mathrm{d}x + \int_E g^-(x)\mathrm{d}x$$

$$= \int_E (f+g)^-(x)\mathrm{d}x + \int_E f^+(x)\mathrm{d}x + \int_E g^+(x)\mathrm{d}x.$$

因为上式中每项积分值都是有限的,所以移项得到

$$\int_E (f(x)+g(x))\mathrm{d}x = \int_E f(x)\mathrm{d}x + \int_E g(x)\mathrm{d}x. \qquad\square$$

定理 5.17(积分的绝对连续性) 若 $f\in\mathcal{L}(E)$,则对任给的 $\varepsilon>0$,存在 $\delta>0$,使得对 E 中任意可测子集 A,只要 $m(A)<\delta$,就有

$$\left|\int_A f(x)\mathrm{d}x\right| \leqslant \int_A |f(x)|\mathrm{d}x < \varepsilon. \tag{5.7}$$

证明 不妨假定 $f(x)\geqslant 0$. 根据 Levi 定理可知,对于任给的 $\varepsilon>0$,存在可测简单函数 $\varphi(x)$,$0\leqslant\varphi(x)\leqslant f(x)(x\in E)$,使得

$$\int_E (f(x)-\varphi(x))\mathrm{d}x = \int_E f(x)\mathrm{d}x - \int_E \varphi(x)\mathrm{d}x < \frac{\varepsilon}{2}.$$

于是设 $|\varphi(x)|\leqslant c$,其中 c 为常数. 取 $\delta=\dfrac{\varepsilon}{2c}$,则当 $A\subset E$ 且 $m(A)<\delta$ 时,就有

$$\int_A f(x)\mathrm{d}x = \int_A f(x)\mathrm{d}x - \int_A \varphi(x)\mathrm{d}x + \int_A \varphi(x)\mathrm{d}x$$

$$\leqslant \int_E (f(x) - \varphi(x))\mathrm{d}x + \int_A \varphi(x)\mathrm{d}x$$

$$< \frac{\varepsilon}{2} + c \cdot m(A) < \frac{\varepsilon}{2} + \frac{\varepsilon}{2} = \varepsilon. \qquad \square$$

定理 5.18 设 $\{E_n\}$ 是可测集列，且 $E_m \bigcap E_n = \varnothing \ (m \neq n)$. 若 $f(x)$ 在 $E = \bigcup_{n=1}^{\infty} E_n$ 上可积，则

$$\int_E f(x)\mathrm{d}x = \sum_{n=1}^{\infty} \int_{E_n} f(x)\mathrm{d}x. \qquad (5.8)$$

证明 由于 $f \in \mathcal{L}(E)$ 以及定理 5.11，我们有

$$\sum_{n=1}^{\infty} \int_{E_n} f^{\pm}(x)\mathrm{d}x = \int_E f^{\pm}(x)\mathrm{d}x \leqslant \int_E |f(x)|\mathrm{d}x < \infty,$$

从而可知

$$\sum_{n=1}^{\infty} \int_{E_n} f(x)\mathrm{d}x = \sum_{n=1}^{\infty} \left(\int_{E_n} f^{+}(x)\mathrm{d}x - \int_{E_n} f^{-}(x)\mathrm{d}x \right)$$

$$= \int_E f^{+}(x)\mathrm{d}x - \int_E f^{-}(x)\mathrm{d}x = \int_E f(x)\mathrm{d}x. \qquad \square$$

例 5.4 若 $f(x)$ 在 $\mathbb{R}^n$ 上 L-可积，则对任意的 $y \in \mathbb{R}^n$, $f(x+y)$ 在 $\mathbb{R}^n$ 上 L-可积，且有

$$\int_{\mathbb{R}^n} f(x+y)\mathrm{d}x = \int_{\mathbb{R}^n} f(x)\mathrm{d}x. \qquad (5.9)$$

证明 (1) 首先考虑 $f(x)$ 是非负可测简单函数，即

$$f(x) = \sum_{j=1}^{n} c_j \chi_{E_j}(x), \quad x \in \mathbb{R}^n.$$

显然

$$f(x+y) = \sum_{j=1}^{n} c_j \chi_{E_j - y}(x)$$

仍然是非负可测简单函数，从而有

$$\int_{\mathbb{R}^n} f(x+y)\mathrm{d}x = \sum_{j=1}^{n} c_j m(E_j - y) = \sum_{j=1}^{n} c_j m(E_j)$$

$$= \int_{\mathbb{R}^n} f(x)\mathrm{d}x.$$

(2) 其次假设 $f(x)$ 是一般非负可测函数，此时存在单增的非负可测简单函数列 $\{\varphi_n\}$，使得

$$\lim_{n \to \infty} \varphi_n(x) = f(x).$$

显然，$\{\varphi_n(x+y)\}$ 仍为单增的非负可测简单函数列，并且还有

$$\lim_{n\to\infty}\varphi_n(x+y)=f(x+y),$$

从而可知

$$\int_{\mathbb{R}^n}f(x+y)\mathrm{d}x=\lim_{n\to\infty}\int_{\mathbb{R}^n}\varphi_n(x+y)\mathrm{d}x=\lim_{n\to\infty}\int_{\mathbb{R}^n}\varphi_n(x)\mathrm{d}x$$

$$=\int_{\mathbb{R}^n}f(x)\mathrm{d}x.$$

（3）对一般可积函数，把上述结论用于其正部和负部函数，再由积分定义可知结论成立. □

3) 控制收敛定理

Lebesgue 控制收敛定理是 Lebesgue 积分理论中最重要的定理之一，它为交换积分和极限运算次序提供了理论依据，有着广泛的应用.

定理 5.19(Lebesgue 控制收敛定理)　设 $\{f_n\}$ 是 E 上的可测函数列，f 是 E 上的可测函数. 如果

（1） $\lim_{n\to\infty}f_n(x)=f(x)$ a.e. $x\in E$；

（2）存在 E 上的可积函数 $F(x)$，使得 $|f_n(x)|\leqslant F(x)$ a.e. $x\in E,\forall n\geqslant 1$，那么 f 在 E 上可积，且

$$\lim_{n\to\infty}\int_E f_n(x)\mathrm{d}x=\int_E\lim_{n\to\infty}f_n(x)\mathrm{d}x=\int_E f(x)\mathrm{d}x. \tag{5.10}$$

注 5.4　上述定理中的条件（2）称为控制条件，其中的可积函数 $F(x)$ 通常称为函数列 $\{f_n(x)\}$ 的控制函数，在控制收敛定理中是非常重要的.

证明　显然，$f(x)$ 是 E 上的可测函数，且由

$$|f_n(x)|\leqslant F(x)\ \text{a.e.}\quad \text{可知}\quad |f(x)|\leqslant F(x)\ \text{a.e.},$$

因此 $f_n(x),f(x)$ 也是 E 上的可积函数. 令

$$g_n(x)=|f_n(x)-f(x)|,$$

则 $0\leqslant g_n(x)\leqslant 2F(x)$，从而 $g_n\in\mathcal{L}(E)$.

根据 Fatou 引理，我们有

$$\int_E\lim_{n\to\infty}(2F(x)-g_n(x))\mathrm{d}x\leqslant\varliminf_{n\to\infty}\int_E(2F(x)-g_n(x))\mathrm{d}x.$$

因为 $F(x)$ 以及每个 $g_n(x)$ 都是可积的，所以得到

$$\int_E 2F(x)\mathrm{d}x-\int_E\lim_{n\to\infty}g_n(x)\mathrm{d}x\leqslant\int_E 2F(x)\mathrm{d}x-\varlimsup_{n\to\infty}\int_E g_n(x)\mathrm{d}x,$$

注意到 $\lim_{n\to\infty}g_n(x)=0$ a.e.，则

$$\varlimsup_{n\to\infty}\int_E g_n(x)\mathrm{d}x=0,\quad \text{从而}\quad \lim_{n\to\infty}\int_E g_n(x)\mathrm{d}x=0.$$

由于

$$\left| \int_E f_n(x)\mathrm{d}x - \int_E f(x)\mathrm{d}x \right| \leqslant \int_E g_n(x)\mathrm{d}x,$$

这样,易知定理成立. □

在上述定理中,条件(1)中的几乎处处收敛换成依测度收敛,结论仍然成立.

推论 5.20 设 $\{f_n\}$ 是 E 上的可测函数列,f 是 E 上的可测函数. 如果

(1) 在 E 上 $f_n(x) \Rightarrow f(x)$;

(2) 存在 E 上的可积函数 $F(x)$,使得 $|f_n(x)| \leqslant F(x)$ a.e. $x \in E, \forall n \geqslant 1$,

那么 f 在 E 上可积,且

$$\lim_{n \to \infty} \int_E f_n(x)\mathrm{d}x = \int_E f(x)\mathrm{d}x. \tag{5.11}$$

证明 利用上述定理 5.19 的证明思路,令 $g_n(x) = |f_n(x) - f(x)|$,只要证明 $\lim_{n \to \infty} \int_E g_n(x)\mathrm{d}x = 0$. 用反证法. 若不然,则存在 $\varepsilon_0 > 0$ 和子列 $\{g_{n_k}\}$,使得

$$\int_E g_{n_k}(x)\mathrm{d}x \geqslant \varepsilon_0. \tag{5.12}$$

由条件 $g_{n_k}(x) \Rightarrow 0$,利用定理 4.19(Riesz 定理),存在子列 $g_{n_{k_j}} \to 0$ a.e.. 于是

$$f_{n_{k_j}} \to f \text{ a.e.},$$

故 $|f(x)| \leqslant F(x)$ a.e.. 这样 $0 \leqslant g_{n_{k_j}}(x) \leqslant 2F(x)$ a.e.. 利用定理 5.19 知道

$$\lim_{j \to \infty} \int_E g_{n_{k_j}}(x)\mathrm{d}x = 0,$$

与上述不等式(5.12)矛盾. □

推论 5.21(Lebesgue 有界控制收敛定理) 设 $m(E) < \infty$,$\{f_n\}$ 是 E 上的可测函数列,f 是 E 上的可测函数. 如果

(1) $f_n(x) \to f(x)$ a.e. $x \in E$ 或 $f_n(x) \Rightarrow f(x)$ 在 E 上;

(2) 存在 $M > 0$ 使得 $|f_n(x)| \leqslant M$ a.e. $x \in E, \forall n = 1, 2, \cdots$,

则 f 在 E 上可积,且

$$\lim_{n \to \infty} \int_E f_n(x)\mathrm{d}x = \int_E f(x)\mathrm{d}x. \tag{5.13}$$

证明 此结论由定理 5.19 和推论 5.20 直接得到. □

推论 5.22 设 $f_n \in \mathcal{L}(E), n = 1, 2, \cdots$,若有

$$\sum_{n=1}^{\infty} \int_E |f_n(x)|\mathrm{d}x < \infty,$$

则 $\sum_{n=1}^{\infty} f_n(x)$ 在 E 上几乎处处收敛. 记其和函数为 $f(x) = \sum_{n=1}^{\infty} f_n(x)$,则 $f \in \mathcal{L}(E)$,且有

$$\int_E f(x)\mathrm{d}x = \sum_{n=1}^{\infty} \int_E f_n(x)\mathrm{d}x. \tag{5.14}$$

证明 取函数

$$F(x) = \sum_{n=1}^{\infty} |f_n(x)|,$$

由非负可测函数的逐项积分定理可知

$$\int_E F(x)\mathrm{d}x = \sum_{n=1}^{\infty} \int_E |f_n(x)|\,\mathrm{d}x < \infty,$$

即 $F \in \mathcal{L}(E)$.

令 $S_n(x) = \sum\limits_{k=1}^{n} f_k(x)$, 则 $S_n(x) \to f(x)$ a.e. $x \in E$. 又显然

$$|S_n(x)| \leqslant F(x), \quad n = 1,2,\cdots,$$

于是由控制收敛定理可得

$$\int_E f(x)\mathrm{d}x = \int_E \lim_{n \to \infty} S_n(x)\mathrm{d}x = \lim_{n \to \infty} \int_E S_n(x)\mathrm{d}x$$

$$= \sum_{k=1}^{\infty} \int_E f_k(x)\mathrm{d}x. \qquad \square$$

5.3　含参变量积分

在这一节中,我们研究含参变量的 Lebesgue 积分关于参变量的极限问题.

设 $f(x,y)$ 是定义在 $E \times (a,b)$ 上的函数,它作为 x 的函数在 E 上是可积的,作为 y 的函数在 (a,b) 上处处有定义. 记

$$g(y) = \int_E f(x,y)\mathrm{d}x, \quad y \in (a,b),$$

下面我们讨论 $g(y)$ 的极限、连续性与可微性等问题.

定理 5.23 设 $f(x,y)$ 是定义在 $E \times (a,b)$ 上的函数,对任意 $y \in (a,b)$, f 作为 x 的函数在 E 上是可积的. 又设 $y_0 \in (a,b)$. 如果

(1) $\lim\limits_{y \to y_0} f(x,y) = h(x)$ a.e. $x \in E$;

(2) 存在 $\delta > 0$ 以及 E 上的可积函数 $F(x)$,使得

$$|f(x,y)| \leqslant F(x) \text{ a.e. } x \in E, \forall |y - y_0| \leqslant \delta,$$

那么 $h(x)$ 在 E 上可积,且

$$\lim_{y \to y_0} \int_E f(x,y)\mathrm{d}x = \int_E \lim_{y \to y_0} f(x,y)\mathrm{d}x = \int_E h(x)\mathrm{d}x. \qquad (5.15)$$

证明 这个定理是连续变量极限的 Lebesgue 控制收敛定理,因此它的证明只要借助于关于极限的海涅(Heine)定理即得. 事实上,考虑任意一点列 $y_n \to y_0$,不妨设 $|y_n - y_0| \leqslant \delta$. 令 $f_n(x) = f(x,y_n)$,利用定理 5.19 立即得证. $\square$

值得注意的是,可以完全类似地考虑在 y_0 处的左右极限以及在无穷大(∞)处

的极限,主要不同之处在于控制函数 F. 只要在上述定理 5.23 条件(2)中,将在 y_0 的 δ 邻域中的控制函数条件改为在 y_0 的左侧、右侧或无穷远处有控制函数即可. 下面我们给出了右极限和正无穷大情形的结论,其它情形请读者自行给出.

定理 5.24 设 $f(x,y)$ 是定义在 $E\times(y_0,y_0+\delta)$ $(E\times(a,+\infty))$ 上的函数,对任意 $y\in(y_0,y_0+\delta)$ $((a,+\infty))$,f 作为 x 的函数在 E 上是可积的. 如果

(1) $\lim\limits_{y\to y_0^+}f(x,y)=h(x)$ a.e. $x\in E$ $\left(\lim\limits_{y\to+\infty}f(x,y)=h(x)\ \text{a.e.}\ x\in E\right)$;

(2) 存在充分小的 $0<\delta_0\leqslant\delta$(充分大的 $G>0$)和 E 上可积函数 $F(x)$,使得
$$|f(x,y)|\leqslant F(x)\ \text{a.e.}\ x\in E,\ \forall\, 0<y-y_0\leqslant\delta_0$$
$$(|f(x,y)|\leqslant F(x)\ \text{a.e.}\ x\in E,\ \forall\, y\geqslant G),$$

那么 $h(x)$ 在 E 上可积,且
$$\lim_{y\to y_0^+}\int_E f(x,y)\mathrm{d}x=\int_E\lim_{y\to y_0^+}f(x,y)\mathrm{d}x=\int_E h(x)\mathrm{d}x$$
$$\left(\lim_{y\to+\infty}\int_E f(x,y)\mathrm{d}x=\int_E\lim_{y\to+\infty}f(x,y)\mathrm{d}x=\int_E h(x)\mathrm{d}x\right).$$

推论 5.25 设 $f(x,y)$ 是定义在 $E\times(a,b)$ 上的函数,对任意 $y\in(a,b)$,f 作为 x 的函数在 E 上是可积的,关于 y 在 (a,b) 上是连续的. 如果存在 E 上的可积函数 $F(x)$,使得
$$|f(x,y)|\leqslant F(x)\ \text{a.e.}\ x\in E,\ \forall\, y\in(a,b),$$

那么 $g(y)=\displaystyle\int_E f(x,y)\mathrm{d}x$ 是 (a,b) 上的连续函数.

定理 5.26(积分号下求导) 设 $f(x,y)$ 是定义在 $E\times(a,b)$ 上的函数,并且它作为 x 的函数在 E 上是可积的,作为 y 的函数在 (a,b) 上是可微的. 若存在 E 上的可积函数 $F(x)$,使得
$$\left|\frac{\partial}{\partial y}f(x,y)\right|\leqslant F(x),\quad (x,y)\in E\times(a,b),$$

则
$$\frac{\mathrm{d}}{\mathrm{d}y}\int_E f(x,y)\mathrm{d}x=\int_E\frac{\partial}{\partial y}f(x,y)\mathrm{d}x. \tag{5.16}$$

证明 任意取定 $y\in(a,b)$ 以及 $\Delta y\neq 0$,我们有
$$\lim_{\Delta y\to 0}\frac{f(x,y+\Delta y)-f(x,y)}{\Delta y}=\frac{\partial}{\partial y}f(x,y),\quad x\in E,$$

而且当 Δy 充分小时
$$\left|\frac{f(x,y+\Delta y)-f(x,y)}{\Delta y}\right|\leqslant F(x),\quad x\in E$$

成立,从而由控制收敛定理可得
$$\lim_{\Delta y\to 0}\int_E\frac{f(x,y+\Delta y)-f(x,y)}{\Delta y}\mathrm{d}x=\int_E\frac{\partial}{\partial y}f(x,y)\mathrm{d}x. \qquad\square$$

例 5.5 利用 Lebesgue 积分定义的一个重要变换——Fourier 变换:设 $f(x)$ 在 $(-\infty, +\infty)$ 上 L-可积,令

$$\hat{f}(\xi) = \int_{\mathbb{R}} e^{i\xi \cdot x} f(x) dx, \quad i = \sqrt{-1},$$

称函数 $\hat{f}(\xi)$ 为 $f(x)$ 的 Fourier 变换.

容易看出,$\hat{f}(\xi)$ 为 $(-\infty, +\infty)$ 上的连续有界函数. 特别是当 $(1+x^2)^{\frac{m}{2}} f(x)$ 在 $(-\infty, +\infty)$ 上 L-可积时,Fourier 变换 $\hat{f}(\xi)$ 还是 m 阶可微的. 函数 $\hat{f}(\xi)$ 的性质完全由函数 f 的性质确定.

例 5.6 设 $f(x)$ 在 $[a, b]$ 上 L-可积,任给 $\varepsilon > 0$,存在 $[a, b]$ 上的连续函数 g,使得

$$\int_{[a,b]} |f(x) - g(x)| dx < \varepsilon.$$

证明 假设 f 有界,即 $|f(x)| \leqslant M$. 由定理 4.23,$\forall n \geqslant 1$,存在实轴上连续函数 f_n,使得

$$|f_n(x)| \leqslant M, \quad \forall x \in [a, b],$$

且 $f_n \to f$ a.e.. 由 Lebesgue 有界控制收敛定理可得

$$\int_{[a,b]} |f_n(x) - f(x)| dx \to 0.$$

任给 $\varepsilon > 0$,取 $g = f_n$,n 充分大即可.

如果 f 无界,存在有界可积函数 φ 使得

$$\int_{[a,b]} |f(x) - \varphi(x)| dx < \frac{\varepsilon}{2}.$$

对于有界可积函数 φ,利用上述已有的结论,存在连续函数 g 使得

$$\int_{[a,b]} |\varphi(x) - g(x)| dx < \frac{\varepsilon}{2}.$$

从而

$$\int_{[a,b]} |f(x) - g(x)| dx \leqslant \int_{[a,b]} |f(x) - \varphi(x)| dx + \int_{[a,b]} |\varphi(x) - g(x)| dx$$
$$< \varepsilon. \qquad \square$$

上述例子说明一个可积函数在积分意义下可用连续函数来逼近.

例 5.7 考虑 E 上的所有 L-可积函数类 $\mathcal{L}(E)$,首先将其中的函数分类. 如果两个函数几乎处处相等,我们把它们归为同一类,同一类的函数看做同一个函数. 由 L-可积的线性性质可知,$\mathcal{L}(E)$ 作为一个由函数为元素组成的集合,它是一个线性空间,其中的元素或函数也称为向量. 设 $f \in \mathcal{L}(E)$,定义

$$\|f\| = \int_E |f(x)| dx,$$

称为 f 的范数. 对于 $f, g \in \mathcal{L}(E)$,再定义

$$d(f,g) = \|f-g\| = \int_E |f(x) - g(x)| \, \mathrm{d}x,$$

称为 f 与 g 的距离. 显然在这个距离下, $\mathcal{L}(E)$ 成为一个距离空间, 有时简单记为

$$L^1(E) = (\mathcal{L}(E), d).$$

考虑 $L^1(E)$ 中的函数列 $\{f_n\}$, 如果

$$d(f_n, f_m) = \|f_n - f_m\| \to 0, \quad m, n \to \infty,$$

则称它为一个基本列. 下面我们证明 $L^1(E)$ 中的基本列是收敛的, 也就是说, 距离空间 $L^1(E)$ 是完备的.

证明 由基本列的定义易知 $\{f_n\}$ 是依测度收敛的基本列, 故存在子列 $\{f_{n_k}\}$ 和可测函数 f 使得 $f_{n_k}(x) \to f(x)$ a.e. $x \in E$. 又任给 $\varepsilon > 0$, 存在 $N > 0$ 使得

$$\int_E |f_n(x) - f_{n_k}(x)| \, \mathrm{d}x \leqslant \varepsilon, \quad \forall n \geqslant N, n_k \geqslant N.$$

令 $k \to \infty$, 由 Fatou 引理可知

$$\int_E |f_n(x) - f(x)| \, \mathrm{d}x \leqslant \varepsilon, \quad \forall n \geqslant N,$$

所以 $f \in L^1(E)$, 且 $f_n \to f$. □

注 5.5 上述函数空间 $L^1(E)$ 的完备性是非常重要的, 并且可以说它是发展 Lebesgue 积分理论的一个主要目的. 如果我们把上述问题中的 Lebesgue 积分换成 Riemann 积分的话, 那么相应的函数空间就没有完备性了. 一个不完备的空间在理论上没有什么价值, 由此可以进一步看到实变函数理论的重要性.

再强调一下, 学习 L-积分的目的是数学理论上的需要. 学习 Lebesgue 积分, 主要学习它的有关性质, 而不是它的计算. 至于积分的计算问题, 往往还是归结到 Riemann 积分的计算上. 所以实变函数的习题主要是有关理论方面的证明问题, 计算的很少. 在学习过程中要抓住一些主要的概念和定理, 特别是与 Riemann 积分不同的地方. Lebesgue 积分的运算性质大多数与 Riemann 积分是类似的, 不同的地方主要有积分的绝对可积和绝对连续性, 也就是定理 5.13 和定理 5.17. 关于积分的极限定理是实变函数最重要的内容, 看起来有许多的结论, 但最重要的也就是 Levi 定理、Fatou 引理和 Lebesgue 控制收敛定理. 这些定理是 L-积分的三个核心定理, 其它结论实际上是这三个定理的简单推论. 这三个定理本质上等价, 但是形式上的不同为实际应用提供了极大的方便. 下面我们就这三个定理的特点简单总结如下: 首先, Levi 定理是针对非负单调函数列的, 如果某函数列具有非负单调性质, 则可以考虑该定理; 其次, Fatou 引理是条件最弱的极限定理, 如果一个可测函数列既没有什么(几乎处处或依测度)收敛的条件, 也没有单调的有关性质, 应该考虑用 Fatou 引理; 而一个可测函数列如果有某种收敛性质, 就应该想到 L-控制收敛定理, 只要找到控制函数 F, L-控制收敛定理就有效了. Lebesgue 积分之所以重

要,就是因为它有可以处理极限问题的这些定理.

5.4 Lebesgue 积分与 Riemann 积分

发展 Lebesgue 积分理论的主要目的是推广 Riemann 积分. 现在 Lebesgue 积分理论已经基本上建立了,下面进一步讨论这两种积分的联系和区别. 为方便起见,我们只就 $\mathbb{R}$ 上的积分进行讨论,首先回忆有关 Riemann 积分的一些概念和性质.

1) Riemann 积分定义

设 $f(x)$ 是 $I=[a,b]$ 上的有界函数,对 $[a,b]$ 作任一分划

$$\Delta: a=x_0<x_1<x_2<\cdots<x_n=b,$$

记

$$\Delta x_i=x_i-x_{i-1}, \quad \|\Delta\|=\max\{\Delta x_i: 1\leqslant i\leqslant n\}.$$

令

$$M_i=\sup_{x_{i-1}\leqslant x\leqslant x_i} f(x), \quad m_i=\inf_{x_{i-1}\leqslant x\leqslant x_i} f(x),$$

则 $f(x)$ 的 Darboux 上、下积分定义如下:

$$\overline{\int_a^b} f(x)\mathrm{d}x \triangleq \inf_\Delta \sum_{i=1}^n M_i\Delta x_i,$$

$$\underline{\int_a^b} f(x)\mathrm{d}x \triangleq \sup_\Delta \sum_{i=1}^n m_i\Delta x_i.$$

需要注意的是,上述的上下确界是关于分划取的,而这种分划有很多,是个不可数集.

如果

$$\overline{\int_a^b} f(x)\mathrm{d}x = \underline{\int_a^b} f(x)\mathrm{d}x,$$

则称 $f(x)$ 在 $[a,b]$ 上 Riemann 可积,并记

$$(\mathrm{R})\int_a^b f(x)\mathrm{d}x \triangleq \overline{\int_a^b} f(x)\mathrm{d}x = \underline{\int_a^b} f(x)\mathrm{d}x,$$

称为 $f(x)$ 在 $[a,b]$ 上 Riemann 积分.

任取 $I=[a,b]$ 上的一列分划:$\{\Delta^{(k)}\}$,使得 $\|\Delta^{(k)}\|\to 0, k\to\infty$. 分划 $\Delta^{(k)}$ 将 $[a,b]$ 分成 n_k 个小区间,并类似地定义 $\Delta x_i^{(k)}, M_i^{(k)}, m_i^{(k)}$,则由 Riemann 积分理论可知,关于 $f(x)$ 的 Darboux 上、下积分,下列等式成立:

$$\overline{\int_a^b} f(x)\mathrm{d}x = \lim_{k\to\infty}\sum_{i=1}^{n_k} M_i^{(k)}\Delta x_i^{(k)},$$

$$\int_{\underline{a}}^{b} f(x)\mathrm{d}x = \lim_{k\to\infty}\sum_{i=1}^{n_k} m_i^{(k)} \Delta x_i^{(k)}.$$

这样,我们可以把不可数的分划问题转化为一列分划问题,利用数列极限的理论来研究. 为了考虑 Riemann 可积的充分必要条件,下面引进函数振幅的概念.

2) 函数振幅与连续的关系

定义 5.4 记 $I=[a,b],\delta>0,B_\delta(x)=(x-\delta,x+\delta)$.

(1) 称

$$\omega_\delta(x) \triangleq \sup_{y,z\in B_\delta(x)\cap I} |f(y)-f(z)| = \sup_{y\in B_\delta(x)\cap I} f(y) - \inf_{z\in B_\delta(x)\cap I} f(z)$$

为 f 在 x 的 δ 邻域上的振幅.

(2) 当 $\delta\to0$ 时,$\omega_\delta(x)$ 是单调下降的. 称 $\omega(x)\triangleq\lim\limits_{\delta\to0}\omega_\delta(x)$ 为 f 在点 x 处的振幅.

引理 5.27 $f(x)$ 在 x_0 处连续的充分必要条件是 $\omega(x_0)=0$.

该引理由定义容易证明,我们把它留给读者完成.

引理 5.28 设 $a_n<x<b_n,\forall n\geqslant1$,并且 $b_n-a_n\to0,n\to\infty$. 令

$$I_n=(a_n,b_n) \quad \text{或} \quad I_n=[a_n,b_n],$$
$$M^{(n)}(x) = \sup_{y\in I_n\cap I} f(y), \quad m^{(n)}(x) = \inf_{z\in I_n\cap I} f(z),$$

则

$$M^{(n)}(x)-m^{(n)}(x)\to\omega(x), \quad n\to\infty.$$

证明 取两列数列 $\{\delta_n\},\{\bar\delta_n\}$,使得 $\delta_n\to0,\bar\delta_n\to0,0<\delta_n<\bar\delta_n$,且

$$B_{\delta_n}(x)\subset I_n\subset B_{\bar\delta_n}(x),$$

从而

$$\omega_{\delta_n}(x)\leqslant M^{(n)}(x)-m^{(n)}(x)\leqslant\omega_{\bar\delta_n}(x).$$

注意到

$$\omega_{\delta_n}(x)\to\omega(x), \quad \omega_{\bar\delta_n}(x)\to\omega(x), \quad n\to\infty,$$

从而结论得证. □

引理 5.29 设 $f(x)$ 是区间 $I=[a,b]$ 上的有界函数,记 $\omega(x)$ 是 $f(x)$ 在 $[a,b]$ 上的振幅函数,则 $\omega(x)$ 是 $[a,b]$ 上的有界可测函数,且

$$\int_I \omega(x)\mathrm{d}x = \overline{\int_a^b} f(x)\mathrm{d}x - \int_{\underline{a}}^b f(x)\mathrm{d}x, \tag{5.17}$$

这里等式左端积分是 $\omega(x)$ 在 I 上的 Lebesgue 积分.

证明 因为 $f(x)$ 是有界的,设 $|f(x)|\leqslant M,\forall x\in[a,b]$,所以 $|\omega(x)|\leqslant2M$,$\forall x\in[a,b]$,于是 ω 是有界函数.

对于前面所说的分划序列 $\{\Delta^{(k)}\}$,作函数列

$$\varphi_k(x) = \begin{cases} M_i^{(k)} - m_i^{(k)}, & x \in (x_{i-1}^{(k)}, x_i^{(k)}), \\ 0, & x \in \{x_i^{(k)} : i = 1, 2, \cdots, n_k\}, \end{cases}$$

则 $\{\varphi_k\}$ 是 $[a,b]$ 上的简单可测函数. 令

$$A = \{x_i^{(k)} \in [a,b], \text{其中 } i = 1, 2, \cdots, n_k; k = 1, 2, \cdots\},$$

显然 $m(A) = 0$.

设 $x \in [a,b] \backslash A$，则开区间集 $\{(x_{i-1}^{(k)}, x_i^{(k)})\}_{i=1}^{n_k}$ 中存在 i_k，使得 $x \in (x_{i_k-1}^{(k)}, x_{i_k}^k)$. 令 $I_k = [x_{i_k-1}^{(k)}, x_{i_k}^{(k)}]$，则 $|I_k| \leqslant \|\Delta^{(k)}\| \to 0$. 由上述引理 5.28，有

$$\varphi_k(x) = M_{i_k}^{(k)} - m_{i_k}^{(k)} \to \omega(x), \quad k \to \infty.$$

于是有

$$\lim_{k \to \infty} \varphi_k(x) = \omega(x), \quad x \in [a,b] \backslash A,$$

所以 $\omega(x)$ 是可测的，且

$$\lim_{k \to \infty} \varphi_k(x) = \omega(x) \text{ a.e. } x \in [a,b].$$

又对一切 k 有 $0 \leqslant \varphi_k(x) \leqslant 2M$，故根据控制收敛定理可知

$$\lim_{k \to \infty} \int_I \varphi_k(x) \mathrm{d}x = \int_I \omega(x) \mathrm{d}x.$$

另一方面，因为

$$\int_I \varphi_k(x) \mathrm{d}x = \sum_{i=1}^{n_k} (M_i^{(k)} - m_i^{(k)}) \Delta x_i^{(k)}$$

$$= \sum_{i=1}^{n_k} M_i^{(k)} \Delta x_i^{(k)} - \sum_{i=1}^{n_k} m_i^{(k)} \Delta x_i^{(k)},$$

所以得到

$$\int_I \omega(x) \mathrm{d}x = \lim_{k \to \infty} \int_I \varphi_k(x) \mathrm{d}x = \overline{\int_a^b} f(x) \mathrm{d}x - \underline{\int_a^b} f(x) \mathrm{d}x. \qquad \square$$

3) Riemann 可积的充要条件

定理 5.30 设函数 $f(x)$ 在 $[a,b]$ 上有界，则 $f(x)$ 在 $[a,b]$ 上 Riemann 可积的充分必要条件是 $f(x)$ 在 $[a,b]$ 上的不连续点集是零测集.

证明 必要性：若 $f(x)$ 在 $[a,b]$ 上 Riemann 可积，则 $f(x)$ 的 Darboux 上、下积分相等，从而由引理 5.29 可知

$$\int_I \omega(x) \mathrm{d}x = 0.$$

因为 $\omega(x) \geqslant 0$，所以 $\omega(x) = 0$ a.e.，这说明 $f(x)$ 在 $[a,b]$ 上几乎处处连续.

充分性：若 $f(x)$ 在 $[a,b]$ 上的不连续点集是零测集，则 $f(x)$ 的振幅函数 $\omega(x)$ 几乎处处等于零，从而由引理 5.29 可知

$$\overline{\int_a^b} f(x) \mathrm{d}x - \underline{\int_a^b} f(x) \mathrm{d}x = \int_I \omega(x) \mathrm{d}x = 0,$$

即 $f(x)$ 的 Darboux 上、下积分相等,从而 $f(x)$ 在 $[a,b]$ 上 Riemann 可积.　　□

定理 5.31　若 $f(x)$ 在 $I=[a,b]$ 上 Riemann 可积,则 $f(x)$ 在 $[a,b]$ 上 Lebesgue 可积,且两者的积分值相同.

证明　首先,根据假设以及上述定理 5.30,$f(x)$ 在 $[a,b]$ 上是几乎处处连续的. 因此 $f(x)$ 是 $[a,b]$ 上的有界可测函数,从而 $f\in\mathcal{L}(I)$.

其次,对 $[a,b]$ 的任一分划

$$\Delta : a=x_0<x_1<\cdots<x_n=b,$$

根据 Lebesgue 积分的可加性质有

$$\int_I f(x)\mathrm{d}x = \sum_{i=1}^n \int_{[x_{i-1},x_i]} f(x)\mathrm{d}x.$$

又显然

$$m_i\Delta x_i \leqslant \int_{[x_{i-1},x_i]} f(x)\mathrm{d}x \leqslant M_i\Delta x_i, \quad i=1,2,\cdots,n,$$

从而可知

$$\sum_{i=1}^n m_i\Delta x_i \leqslant \int_I f(x)\mathrm{d}x \leqslant \sum_{i=1}^n M_i\Delta x_i.$$

于是在上式左、右端对一切分划 Δ 分别取上、下确界,立即得到

$$\overline{\int_a^b} f(x)\mathrm{d}x \leqslant \int_I f(x)\mathrm{d}x \leqslant \underline{\int_a^b} f(x)\mathrm{d}x.$$

由于 f 是 R-可积的,所以它的上下积分都等于它的 Riemann 积分,这说明 $f(x)$ 在 $[a,b]$ 上的 Riemann 积分与 Lebesgue 积分是相等的.　　□

4) Lebesgue 积分与 Riemann 反常积分

微积分中还有 Riemann 反常积分,即函数在无穷区间上的积分和无界函数的积分. Riemann 反常积分有收敛和绝对收敛两个概念,Riemann 广义可积,不一定绝对可积. 而 Lebesgue 积分具有绝对可积性,因此 Lebesgue 积分显然不可能与 Riemann反常积分等同. 下面我们研究这两种积分的关系.

首先回忆 Riemann 反常积分的定义. $f(x)$ 在 $[a,b]$ 上的反常积分为

$$\int_a^\infty f(x)\mathrm{d}x = \lim_{b\to\infty}\int_a^b f(x)\mathrm{d}x \quad \text{或} \quad \int_a^b f(x)\mathrm{d}x = \lim_{\varepsilon\to0}\int_{a+\varepsilon}^b f(x)\mathrm{d}x,$$

这里 a 是 $f(x)$ 的瑕点.

定理 5.32　如果 Riemann 反常积分 $\displaystyle\int_a^\infty f(x)\mathrm{d}x\left(\int_a^b f(x)\mathrm{d}x\right)$ 绝对收敛,则它们在相应的区间上 Lebesgue 可积,且积分值与 Riemann 反常积分相同,即

$$(\mathrm{L})\int_{[a,\infty)} f(x)\mathrm{d}x = (\mathrm{R})\int_a^\infty f(x)\mathrm{d}x \quad \left((\mathrm{L})\int_{[a,b]} f(x)\mathrm{d}x = (\mathrm{R})\int_a^b f(x)\mathrm{d}x\right).$$

为了证明上述结论,先证明下面的引理.

引理 5.33 设 $\{E_n\}$ 是递增的可测集列，$E=\bigcup_n E_n$，$f\in\mathcal{L}(E_n)$（$\forall n\geqslant 1$）. 若极限

$$\lim_{n\to\infty}\int_{E_n}|f(x)|\,\mathrm{d}x<\infty,$$

则 $f\in\mathcal{L}(E)$，且有

$$\int_E f(x)\mathrm{d}x=\lim_{n\to\infty}\int_{E_n}f(x)\mathrm{d}x.$$

证明 先证明 f 的可积性. 因为 $\{|f(x)|\chi_{E_n}(x)\}$ 是非负递增函数列，且有

$$\lim_{n\to\infty}|f(x)|\chi_{E_n}(x)=|f(x)|,\quad x\in E,$$

所以由 Levi 定理可知

$$\int_E |f(x)|\,\mathrm{d}x=\lim_{n\to\infty}\int_E |f(x)|\chi_{E_n}(x)\mathrm{d}x$$

$$=\lim_{n\to\infty}\int_{E_n}|f(x)|\,\mathrm{d}x<\infty,$$

即 $f\in\mathcal{L}(E)$. 又由于在 E 上有

$$\lim_{n\to\infty}f(x)\chi_{E_n}(x)=f(x),\quad |f(x)\chi_{E_n}(x)|\leqslant |f(x)|,\quad n=1,2,\cdots,$$

故根据控制收敛定理可得

$$\int_E f(x)\mathrm{d}x=\lim_{n\to\infty}\int_E f(x)\chi_{E_n}(x)\mathrm{d}x=\lim_{n\to\infty}\int_{E_n}f(x)\mathrm{d}x. \qquad\square$$

定理 5.32 的证明 不妨就无界区间情形来证明. 取 $E_n=[a,n]$. 由于在 $[a,n]$ 上，$|f|$ 是 Riemann 可积，从而在 E_n 上 $|f|$ 为 Lebesgue 可积，且

$$\lim_{n\to\infty}\int_{E_n}|f(x)|\,\mathrm{d}x=\lim_{n\to\infty}\int_a^n|f(x)|\,\mathrm{d}x=\int_a^\infty|f(x)|\,\mathrm{d}x<\infty,$$

利用上述引理 5.33 即证. $\qquad\square$

利用上述定理 5.32，能够很容易找到 Lebesgue 不可积的例子. 事实上，只要函数 Riemann 广义可积，而不绝对可积，这个函数就是 Lebesgue 不可积的.

例 5.8 若 $f(x)=\dfrac{\sin x}{x}$，则它在 $(0,\infty)$ 上的反常积分为

$$\int_0^\infty\frac{\sin x}{x}\mathrm{d}x=\frac{\pi}{2}.$$

但我们有

$$\int_0^\infty\left|\frac{\sin x}{x}\right|\mathrm{d}x=+\infty,$$

这就说明 $f\notin\mathcal{L}((0,\infty))$.

5.5 重积分·累次积分·Fubini 定理

在 Riemann 积分理论中，重积分与累次积分的关系是数学分析中最重要的内

容之一,在计算重积分时大多转化为累次积分计算.下面我们讨论关于 Lebesgue 积分的重积分与累次积分的关系,也就是本节要证明的 Fubini 定理.这也是实变函数理论的重要内容之一.

1) 直积与截面

函数的可测性与集合的可测性、函数的积分与集合的测度本质上是相通的,从而积分问题可以转化为测度问题来处理.为此我们先讨论低维欧氏空间中点集与高维欧氏空间中点集之间的测度关系,并利用测度来表示积分.

定义 5.5 设 $A \subset \mathbb{R}^p, B \subset \mathbb{R}^q$,则 $A \times B \triangleq \{(x,y): x \in A, y \in B\}$ 是 $\mathbb{R}^{p+q}$ 中的子集,称为 A 与 B 的**直积**.

例 5.9 $\mathbb{R}^p \times \mathbb{R}^q = \mathbb{R}^{p+q}, (a,b) \times (c,d) = \{(x,y): a < x < b, c < y < d\}$.

定义 5.6 设 E 是 $\mathbb{R}^p \times \mathbb{R}^q$ 中的子集,$x \in \mathbb{R}^p$,定义

$$E(x) \triangleq \{y \in \mathbb{R}^q: (x,y) \in E\},$$

称为 E 关于 x 的**截面**.

需要指出的是,这里截面 $E(x)$ 随 x 而变,它可以是空集,可以是一个区间或几个不连通的部分组成,也可以是非常复杂的集合(见图示 5.2).

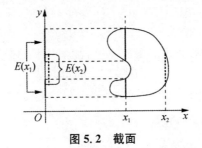

图 5.2 截面

记 $\ell_x = \{(x,y) \mid y \in \mathbb{R}^q\}$,则显然有 $E \bigcap \ell_x = \{x\} \times E(x)$.

关于乘积集合与截面集合,由定义可以直接验证下列性质,我们把证明留给读者.

定理 5.34

(1) 若 $A_1 \subset A_2$,则 $A_1 \times B \subset A_2 \times B$;

(2) 若 $A_1 \bigcap A_2 = \varnothing$,则 $(A_1 \times B) \bigcap (A_2 \times B) = \varnothing$;

(3) $\left(\bigcup_i A_i \right) \times B = \bigcup_i A_i \times B, \left(\bigcap_i A_i \right) \times B = \bigcap_i A_i \times B$;

(4) $(A_1 \backslash A_2) \times B = (A_1 \times B) \backslash (A_2 \times B)$.

定理 5.35

(1) 若 $E_1 \subset E_2$,则 $E_1(x) \subset E_2(x)$;

(2) 若 $E_1 \bigcap E_2 = \varnothing$, 则 $E_1(x) \bigcap E_2(x) = \varnothing$;

(3) $\left(\bigcup_i E_i\right)(x) = \bigcup_i E_i(x)$, $\left(\bigcap_i E_i\right)(x) = \bigcap_i E_i(x)$;

(4) $(E_1 \backslash E_2)(x) = E_1(x) \backslash E_2(x)$.

定理 5.36

(1) 若 F_1, F_2 分别是 $\mathbb{R}^p, \mathbb{R}^q$ 中的闭集, 则 $F_1 \times F_2$ 是 $\mathbb{R}^{p+q}$ 中的闭集;

(2) 若 G_1, G_2 分别是 $\mathbb{R}^p, \mathbb{R}^q$ 中的开集, 则 $G_1 \times G_2$ 是 $\mathbb{R}^{p+q}$ 中的开集;

(3) 若 G_1, G_2 分别是 $\mathbb{R}^p, \mathbb{R}^q$ 中的 G_δ 型集, 则 $G_1 \times G_2$ 是 $\mathbb{R}^{p+q}$ 中的 G_δ 型集.

证明 (1) 设点列 $\{(x_n, y_n)\} \subset F_1 \times F_2$, 且在 $\mathbb{R}^{p+q}$ 中, $(x_n, y_n) \to (x, y)$. 由定义易知 $x_n \to x$ 和 $y_n \to y$. 因为 $\{x_n\} \subset F_1, \{y_n\} \subset F_2$, 而 F_1, F_2 是闭集, 所以 $x \in F_1, y \in F_2$, 于是 $(x, y) \in F_1 \times F_2$. 这样证明了结论 (1).

(2) 设 $(x, y) \in G_1 \times G_2$. 由假设, 存在开球 $B_{r_1}(x) \subset \mathbb{R}^p, B_{r_2}(y) \subset \mathbb{R}^q$ 使得
$$B_{r_1}(x) \subset G_1, \quad B_{r_2}(y) \subset G_2,$$
取 $r = \min\{r_1, r_2\}$, 则有
$$B_r((x, y)) \subset B_{r_1}(x) \times B_{r_2}(y) \subset G_1 \times G_2,$$
所以 $G_1 \times G_2$ 为开集.

(3) 因为 $G_1 = \bigcap_i G_i^{(1)}, G_2 = \bigcap_j G_j^{(2)}$, 则 $G_1 \times G_2 = \bigcap_{i,j} G_i^{(1)} \times G_j^{(2)}$, 其中, $G_i^{(1)}$ 和 $G_j^{(2)}$ 分别是 $\mathbb{R}^p$ 和 $\mathbb{R}^q$ 中的开集. 由 (2) 知 $G_i^{(1)} \times G_j^{(2)}$ 都是开集, 于是 $G_1 \times G_2$ 是 $\mathbb{R}^{p+q}$ 中的一列开集的交, 从而是 G_δ 型集. □

定理 5.37 设 E 是 $\mathbb{R}^n = \mathbb{R}^p \times \mathbb{R}^q$ 中的可测集, 则下列结论成立:

(1) 对几乎处处的 $x \in \mathbb{R}^p$, $E(x)$ 是 $\mathbb{R}^q$ 中的可测集;

(2) 测度 $m(E(x))$ 是 $\mathbb{R}^p$ 上几乎处处有定义的可测函数;

(3) $m(E) = \int_{\mathbb{R}^p} m(E(x)) \mathrm{d}x$.

证明 因为无界可测集可表示为一列两两不相交的有界可测集的并, 所以不妨设 E 是有界可测的. 我们对 E 分几种情形进行讨论:

(1°) 若 E 为左开右闭区间, 则 $E = I_1 \times I_2$, 其中 I_1, I_2 分别是 $\mathbb{R}^p, \mathbb{R}^q$ 中的左开右闭区间. 于是
$$E(x) = \begin{cases} I_2, & x \in I_1, \\ \varnothing, & x \notin I_1, \end{cases} \tag{5.18}$$
所以 $E(x)$ 可测, 且
$$m(E(x)) = \begin{cases} |I_2|, & x \in I_1, \\ 0, & x \notin I_1. \end{cases} \tag{5.19}$$
此外
$$m(E) = |I_1||I_2| = \int_{\mathbb{R}^p} m(E(x)) \mathrm{d}x.$$

(2°) 若 E 为开集,则 $E = \bigcup_i E_i$,其中 E_i 是 $\mathbb{R}^{p+q}$ 中的两两不相交的左开右闭区间. 于是 $E(x) = \bigcup_i E_i(x)$,且 $\{E_i(x)\}$ 也是 $\mathbb{R}^q$ 中的两两不相交的左开右闭区间. 由上述 (1°) 已证结论,$\{E_i(x)\}$ 也都是可测的,所以 $E(x)$ 可测. 又

$$m(E(x)) = \sum_i m(E_i(x)) ,$$

同样由上述 (1°) 的结论,$m(E(x))$ 是可测的函数. 此外

$$m(E) = \sum_i m(E_i) = \sum_i \int_{\mathbb{R}^p} m(E_i(x)) \mathrm{d}x$$

$$= \int_{\mathbb{R}^p} \sum_i m(E_i(x)) \mathrm{d}x = \int_{\mathbb{R}^p} m(E(x)) \mathrm{d}x.$$

(3°) 若 E 为 G_δ 型集,则 $E = \bigcap_i E_i$,其中 E_i 是 $\mathbb{R}^{p+q}$ 中的递减开集列:

$$E_1 \supset E_2 \supset \cdots \supset E_n \supset \cdots.$$

于是 $E(x) = \bigcap_i E_i(x)$,且 $\{E_i(x)\}$ 也是 $\mathbb{R}^q$ 中的递减可测集列:

$$E_1(x) \supset E_2(x) \supset \cdots \supset E_n(x) \supset \cdots.$$

由定理 3.13,$m(E(x)) = \lim_i m(E_i(x))$,从而函数 $m(E(x))$ 可测. 再由 Lebesgue 控制收敛定理可知

$$m(E) = \lim_i m(E_i) = \lim_i \int_{\mathbb{R}^p} m(E_i(x)) \mathrm{d}x$$

$$= \int_{\mathbb{R}^p} \lim_i m(E_i(x)) \mathrm{d}x = \int_{\mathbb{R}^p} m(E(x)) \mathrm{d}x.$$

(4°) 若 E 为零测集,则存在 G_δ 型集 $G \supset E$ 使得 $m(E) = m(G) = 0$. 由上述 (3°) 的结论,有

$$0 = m(G) = \int_{\mathbb{R}^p} m(G(x)) \mathrm{d}x.$$

于是 $m(G(x)) = 0$ a.e. $x \in \mathbb{R}^p$. 又 $m^*(E(x)) \leqslant m(G(x))$,所以 $m^*(E(x))$ 在 $\mathbb{R}^p$ 上几乎处处为零,于是定理显然成立.

(5°) 若 E 为有界可测集,则存在 G_δ 型集 $G \supset E$ 使得 $m(G \backslash E) = 0$. 再令 $M = G \backslash E$,则 $m(M) = 0$,且 $m(M(x)) = 0$ a.e.. 又 $E = G \backslash M$,于是由上述已证结论可知

$$E(x) = G(x) \backslash M(x)$$

是可测的,且

$$m(E) = m(G) = \int_{\mathbb{R}^p} m(G(x)) \mathrm{d}x = \int_{\mathbb{R}^p} m(E(x)) \mathrm{d}x. \qquad \square$$

引理 5.38 设 A 和 B 分别是 $\mathbb{R}^p$ 和 $\mathbb{R}^q$ 中的子集,若 A 或 B 是零测集,则 $A \times B$ 是 $\mathbb{R}^{p+q}$ 中的零测子集.

证明 不妨设 $m(A) = 0$,B 是有界集. 取 $\mathbb{R}^q$ 中一个开区间 J 使得 $B \subset J$. 任给 $\varepsilon > 0$,存在 $\mathbb{R}^p$ 中一列开区间 I_i 使得 $A \subset \bigcup_i I_i$,且 $\sum_i |I_i| \leqslant \varepsilon / |J|$. 于是

$$A \times B \subset \left(\bigcup_i I_i \right) \times J = \bigcup_i I_i \times J.$$

$\{I_i \times J\}$ 是覆盖 $A \times B$ 的一列开区间,由外测度定义,有

$$m^*(A \times B) \leqslant \sum_i |I_i \times J| = \sum_i |I_i| \cdot |J| \leqslant \varepsilon,$$

所以 $m^*(A \times B) = 0$.

如果 B 无界,则可表示为 $B = \bigcup B_i$,其中 B_i 都是有界的,则 $A \times B = \bigcup_i A \times B_i$. 由已得结论,$A \times B_i$ 都是零测的,所以 $A \times B$ 是零测的. □

事实上,我们有更强的结论:对任意 $A \subset \mathbb{R}^p$ 和 $B \subset \mathbb{R}^q$,有

$$m^*(A \times B) = m^*(A) \cdot m^*(B).$$

由此也可以推出上述引理 5.38.

这个结论的证明需要利用可测包的概念以及定理 5.37(见习题 3 中第 29 题). 而关于乘积集合的可测性有下列结论:可测集合的乘积还是可测的. 这就是下面的定理:

定理 5.39 若 A 与 B 分别是 $\mathbb{R}^p$ 与 $\mathbb{R}^q$ 中的可测集,则 $A \times B$ 是 $\mathbb{R}^{p+q}$ 中的可测集,且有

$$m(A \times B) = m(A) \cdot m(B).$$

证明 由定理 3.18,存在 $\mathbb{R}^p$ 中的 G_δ 型集 G_1 和零测集 M_1 使得

$$A = G_1 \setminus M_1, \quad \text{从而} \quad G_1 = A \cup M_1.$$

同理,存在 $\mathbb{R}^q$ 中的 G_δ 型集 G_2 和零测集 M_2 使得

$$B = G_2 \setminus M_2, \quad \text{从而} \quad G_2 = B \cup M_2.$$

这样

$$G_1 \times G_2 = A \times B \cup A \times M_2 \cup M_1 \times B \cup M_1 \times M_2 = A \times B \cup E,$$

这里 $E = A \times M_2 \cup M_1 \times B \cup M_1 \times M_2$. 由引理 5.38 和定理 5.36,$E$ 是个零测集,而 $G_1 \times G_2$ 是个 G_δ 型集,于是 $A \times B = G_1 \times G_2 \setminus E$ 是可测的.

令 $E = A \times B$,则 E 是可测集,且

$$E(x) = \begin{cases} B, & x \in A, \\ \varnothing, & x \notin A, \end{cases} \tag{5.20}$$

于是由定理 5.37 的结论(3)得 $m(A \times B) = m(A) \cdot m(B)$. □

2) 积分的几何意义

定义 5.7 设 $f(x)$ 是 E 上的非负实值可测函数,作点集

$$G_E(f) \triangleq \{(x, y) \in \mathbb{R}^{n+1} : x \in E, 0 \leqslant y < f(x)\},$$

称它为 f 在 E 上的**下方图形**.

关于下方图形的具体涵义,可见下面的图示 5.3.

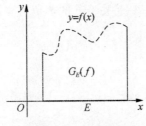

图 5.3   下方图形

定理 5.40(积分的几何意义)   设 $f(x)$ 是 $E \subset \mathbb{R}^n$ 上的非负实值函数.

(1) 若 $f(x)$ 是可测函数,则下方图形 $G_E(f)$ 是 $\mathbb{R}^{n+1}$ 中的可测集,且有

$$m(G_E(f)) = \int_E f(x) \mathrm{d}x; \qquad (5.21)$$

(2) 若 $G_E(f)$ 是 $\mathbb{R}^{n+1}$ 中的可测集,则 $f(x)$ 是 E 上可测函数.

证明   (1)若 $f(x)$ 是一个可测集上的特征函数,结论显然成立,从而对于非负可测简单函数结论也成立. 这里只要注意到,在互不相交子集的并集上的下方图形等于在每个子集上的下方图形的并,于是对非负可测函数 $f(x)$,取收敛于 $f(x)$ 的非负单调增加可测简单函数列 $\{\varphi_n(x)\}$. 易证

$$G_E(\varphi_n) \subset G_E(\varphi_{n+1}), \quad n = 1, 2, \cdots,$$

且

$$\lim_{n \to \infty} G_E(\varphi_n) = G_E(f),$$

从而 $G_E(f)$ 可测. 又

$$G_E(f)(x) = \begin{cases} [0, f(x)), & x \in E, \\ \varnothing, & x \notin E, \end{cases} \qquad (5.22)$$

$$m(G_E(f)(x)) = \begin{cases} f(x), & x \in E, \\ 0, & x \notin E, \end{cases} \qquad (5.23)$$

这样

$$\int_E f(x) \mathrm{d}x = \int_E m(G_E(f)(x)) \mathrm{d}x = m(G_E(f)).$$

(2) 由上述定理 5.37,$m(G_E(f)(x))$ 是 $\mathbb{R}^n$ 上的可测函数,再由式(5.23),f 是 E 上的可测函数. □

3) Fubini 定理

定理 5.41(非负可测函数情形的 Tonelli 定理)   设 $f(x, y)$ 是 $A \times B$ 上的非负可测函数,则

(1) 对于几乎处处 $x \in A, f(x,y)$ 作为 y 的函数是 B 上的非负可测函数；

(2) 积分 $\int_B f(x,y) \mathrm{d}y$ 是 A 上关于 x 的非负可测函数；

(3) $\int_A \mathrm{d}x \int_B f(x,y) \mathrm{d}y = \int_{A \times B} f(x,y) \mathrm{d}x \mathrm{d}y.$

证明 令

$$G_{A \times B}(f) = \{(x,y,z) : (x,y) \in A \times B, 0 \leqslant z < f(x,y)\},$$

则

$$G_{A \times B}(f)(x) = \begin{cases} \{(y,z) : y \in B, 0 \leqslant z < f(x,y)\}, & x \in A, \\ \varnothing, & x \notin A. \end{cases} \tag{5.24}$$

由定理 5.40, $G_{A \times B}(f)$ 可测. 再由定理 5.37, 对几乎处处 $x \in A, G_{A \times B}(f)(x)$ 可测. 再由定理 5.40, $f(x,y)$ 关于 y 可测, 即结论(1)成立.

于是, 当 $x \in A$ 时

$$m(G_{A \times B}(f)(x)) = m(G_B(f(x, \cdot))) = \int_B f(x,y) \mathrm{d}y,$$

从而结论(2)成立.

再由定理 5.40, 有

$$\int_{A \times B} f(x,y) \mathrm{d}x \mathrm{d}y = m(G_{A \times B}(f)) = \int_A m(G_{A \times B}(f)(x)) \mathrm{d}x$$

$$= \int_A \mathrm{d}x \int_B f(x,y) \mathrm{d}y,$$

于是结论(3)成立. □

定理 5.42(可积函数情形的 Fubini 定理) 设 $f(x,y)$ 是 $A \times B$ 上的 Lebesgue 可积函数, 则

(1) 对于几乎处处 $x \in A, f(x,y)$ 作为 y 的函数是 B 上的 Lebesgue 可积函数；

(2) 积分 $\int_{\mathbb{R}^q} f(x,y) \mathrm{d}y$ 是 A 上关于 x 的 Lebesgue 可积函数；

(3) $\int_A \mathrm{d}x \int_B f(x,y) \mathrm{d}y = \int_{A \times B} f(x,y) \mathrm{d}x \mathrm{d}y.$

证明 令

$$f(x,y) = f^+(x,y) - f^-(x,y),$$

对正部函数和负部函数分别利用非负可测函数情形的 Tonelli 定理, 同时注意到 $f^+(x,y)$ 与 $f^-(x,y)$ 所有的积分值都是有限的, 从而通过简单运算容易得到定理的结论. □

注 5.6 定理 5.41 和定理 5.42 中虽然只给出了先 y 后 x 的累次积分与重积分的关系, 但对先 x 后 y 的累次积分, 有完全类似的结论. 简单地说, 对于 $A \times B$ 上的非负可测函数或者一般可积函数 $f(x,y)$, 下列等式总是成立:

$$\int_A \mathrm{d}x \int_B f(x,y)\mathrm{d}y = \int_B \mathrm{d}y \int_A f(x,y)\mathrm{d}x = \int_{A\times B} f(x,y)\mathrm{d}x\mathrm{d}y.$$

事实上,在上述定理的证明中,将变量 x 与 y 交换位置,所有推理仍然有效. 为了简单起见,关于先 x 后 y 的累次积分的类似结论就不详细证明了,请读者自己完成.

注 5.7 定理 5.41 和定理 5.42 都是关于 $f(x,y)$ 的两个累次积分与重积分的关系的定理. 定理 5.41 说明,对于非负可测函数来说,其两个累次积分与重积分总是相等,此时积分值可以是无穷;而定理 5.42 只是对可积函数而言,在已知可积的条件下,其两个累次积分与重积分是相等的. 从这些结论可以看到,Lebesgue 积分的累次积分与重积分的关系比 Riemann 积分要简单得多.

注 5.8 利用 Fubini 定理,如果 $f(x,y)$ 的两个累次积分存在但不相等,我们可以立即得到 $f(x,y)$ 是不可积的. 特别要注意的是,即使 $f(x,y)$ 的两个累次积分存在且相等,$f(x,y)$ 也可能是不可积的.

4) Fubini 定理的应用

设 $f(x)$ 和 $g(x)$ 是 $\mathbb{R}^n$ 上的可测函数,容易知道 $f(x-y)g(y)$ 分别作为 x 和 y 的函数都是可测的,特别地,它作为 (x,y) 的函数在 $\mathbb{R}^n \times \mathbb{R}^n$ 上也是可测的. 事实上,$g(y)$ 作为 (x,y) 的函数显然可测. 而由复合函数可测性质,$f(x-y)$ 关于 (x,y) 也是 $\mathbb{R}^n \times \mathbb{R}^n$ 上的可测函数. 于是,可以考虑积分 $\int_{\mathbb{R}^n} f(x-y)g(y)\mathrm{d}y$. 若此积分存在,称它为 f 与 g 的卷积,记为 $f*g(x)$,即

$$f*g(x) = \int_{\mathbb{R}^n} f(x-y)g(y)\mathrm{d}y.$$

例 5.10 若 f,g 在 $\mathbb{R}^n$ 上 L-可积,证明:$f*g(x)$ 对几乎处处的 $x\in\mathbb{R}^n$ 存在,且 $f*g(x)$ 是 $\mathbb{R}^n$ 上可积. 此外有

$$\int_{\mathbb{R}^n} |f*g(x)|\mathrm{d}x \leqslant \int_{\mathbb{R}^n} |f(x)|\mathrm{d}x \int_{\mathbb{R}^n} |g(x)|\mathrm{d}x. \tag{5.25}$$

证明 只需考虑非负情形,设 $f(x)\geqslant 0, g(x)\geqslant 0$. 因为 $f(x-y)g(y)$ 关于 (x,y) 是 $\mathbb{R}^n \times \mathbb{R}^n$ 上的可测函数,所以根据定理 5.41 可得

$$\int_{\mathbb{R}^n} \mathrm{d}x \int_{\mathbb{R}^n} f(x-y)g(y)\mathrm{d}y$$
$$= \int_{\mathbb{R}^n} \mathrm{d}y \int_{\mathbb{R}^n} f(x-y)g(y)\mathrm{d}x$$
$$= \int_{\mathbb{R}^n} g(y)\mathrm{d}y \int_{\mathbb{R}^n} f(x-y)\mathrm{d}x$$
$$= \int_{\mathbb{R}^n} g(y)\mathrm{d}y \int_{\mathbb{R}^n} f(x)\mathrm{d}x < \infty,$$

这样 $f*g(x)$ 几乎处处存在有限,且有

$$\int_{\mathbb{R}^n} f * g(x) \mathrm{d}x = \int_{\mathbb{R}^n} g(y) \mathrm{d}y \int_{\mathbb{R}^n} f(x) \mathrm{d}x.$$ □

例 5.11 设 $f(x)$ 在 $(-\infty, +\infty)$ 上 L-可积,令

$$g(x) = \int_{-\infty}^{+\infty} \frac{f(y)}{1 + |x - y|^2} \mathrm{d}y.$$

证明:$g(x)$ 在 $(-\infty, +\infty)$ 上连续且可导,$g(x) \to 0 (x \to \infty)$;此外 $g(x)$ 在 $(-\infty, +\infty)$ 上可积,且

$$\int_{-\infty}^{+\infty} g(x) \mathrm{d}x = \pi \int_{-\infty}^{+\infty} f(x) \mathrm{d}x.$$

证明 令 $f(x, y) = \dfrac{f(y)}{1 + |x - y|^2}$. 因为 $|f(x, y)| \leqslant |f(y)|$,而 $|f(y)|$ 就是一个可积的控制函数. 由定理 5.23 和推论 5.25 立即可得 $g(x)$ 在 $(-\infty, +\infty)$ 上连续,且

$$\lim_{x \to \infty} g(x) = \int_{-\infty}^{+\infty} \lim_{x \to \infty} \frac{f(y)}{1 + |x - y|^2} \mathrm{d}y = 0.$$

又 $|f'_x(x, y)| \leqslant |f(y)|$,由定理 5.26 可得 $g(x)$ 在 $(-\infty, +\infty)$ 上可导. 这样前半部分结论得证.

后半部分结论直接利用 Fubini 定理可得. 事实上,有

$$\int_{-\infty}^{+\infty} |g(x)| \mathrm{d}x \leqslant \int_{-\infty}^{+\infty} \mathrm{d}x \int_{-\infty}^{+\infty} \frac{|f(y)|}{1 + |x - y|^2} \mathrm{d}y$$

$$= \int_{-\infty}^{+\infty} |f(y)| \mathrm{d}y \int_{-\infty}^{+\infty} \frac{1}{1 + |x - y|^2} \mathrm{d}x$$

$$= \pi \int_{-\infty}^{+\infty} |f(y)| \mathrm{d}y,$$

所以 g 是 L-可积的. 再由 Fubini 定理,可得

$$\int_{-\infty}^{+\infty} g(x) \mathrm{d}x = \pi \int_{-\infty}^{+\infty} f(x) \mathrm{d}x.$$ □

Lebesgue 积分理论是建立在 Lebesgue 测度基础上的. 从定理 5.40 和 Fubini 定理的证明可以看出,积分理论和测度理论本质上是等价. 也就说,测度问题和积分问题是可以相互转化的. 完全类似于建立 Lebesgue 积分的思想,只要有一个测度,就可以建立相应的积分. 在更深入的数学理论中,需要各种不同测度下的积分,而 Lebesgue 积分则是最常用的. 对于一般测度意义下的积分理论,可参考 Rudin 所著的《实分析与复分析》. 一般测度的积分有类似于 Lebesgue 积分的各种极限定理,在应用时非常方便,可积函数类作为一个空间有好的完备性. 既然 Lebesgue 积分是 Riemann 积分的推广,且性质又比 Riemann 积分好,是否 Riemann 积分以后就不重要呢? 事实上,Lebesgue 积分主要用在数学理论问题中,而涉及积分计算问题时通常还是要利用 Riemann 积分的思想和方法. 此外,通过 Lebesgue 积分理

论,我们对Riemann积分的理解和认识更深刻了,从而可以利用各种积分工具来解决不同的数学问题.

习题 5

A 组

1. 设 $E \subset \mathbb{R}^n$ 是具有正测度的可测集,$f(x)$ 是 E 上几乎处处大于零的可测函数,试证明:$\int_E f(x)\mathrm{d}x > 0$.

2. 设 $f(x)$ 在 E 上可积,$e_n = E(|f| \geqslant n)$,证明:$\lim\limits_n n \cdot m(e_n) = 0$.

3. 设 $f(x)$ 是 E 上的非负可积函数,令
$$E_k = \{x \in E : f(x) \geqslant k\}, \quad k = 1, 2, \cdots,$$
试证明:$\sum\limits_{k=1}^{\infty} m(E_k) < \infty$.

4. 设 $m(E) < \infty$,$f(x)$ 为 E 上几乎处处有限的可测函数,若
$$E_n = E[n-1 \leqslant f < n],$$
证明:$f(x)$ 在 E 上可积的充要条件是 $\sum\limits_{n=-\infty}^{\infty} |n| m(E_n) < \infty$.

5. 设 $f(x)$ 在 $[a,b]$ 上 Riemann 反常积分存在,证明 $f(x)$ 在 $[a,b]$ 上 L-可积的充要条件为 $|f(x)|$ 在 $[a,b]$ 上 Riemann 反常积分存在;并证明此时成立
$$(\mathrm{L})\int_{[a,b]} f(x)\mathrm{d}x = (\mathrm{R})\int_a^b f(x)\mathrm{d}x.$$

6. 设 $\{f_n\}$ 为 E 上非负可积函数列,若 $\lim\limits_{n\to\infty}\int_E f_n(x)\mathrm{d}x = 0$,证明:$f_n(x) \Rightarrow 0$.

7. 设 $m(E) < \infty$,$\{f_n\}$ 为 E 上几乎处处有限的可测函数列. 证明:
$$\lim\limits_{n\to\infty}\int_E \frac{|f_n(x)|}{1 + |f_n(x)|}\mathrm{d}x = 0$$
的充要条件是 $f_n(x) \Rightarrow 0$.

8. 设 $f_k \in \mathcal{L}(E)(k = 1, 2, \cdots)$,且有
$$\lim\limits_{k\to\infty}\int_E |f_k(x)|\mathrm{d}x = 0.$$
试证明:存在 $\{f_{k_j}(x)\}$,使得
$$\lim\limits_{j\to\infty} f_{k_j}(x) = 0 \text{ a.e. } x \in E.$$

9. 设 f 是 E 上定义的函数,如果存在可积函数列 g_n 和 h_n 使得
$$g_n(x) \leqslant f(x) \leqslant h_n(x) \text{ a.e.},$$

且 $\int_E (h_n(x) - g_n(x))\mathrm{d}x \to 0$，证明：$f$ 在 E 上可积.

10. 设 f 在 E 上 Lebesgue 可积，证明：$\forall \varepsilon > 0$，存在有界可测函数 φ，使得

$$\int_E |f(x) - \varphi(x)| \mathrm{d}x < \varepsilon.$$

11. 设

$$f(x) = \frac{\sin \dfrac{1}{x}}{x^a}, \quad 0 < x \leqslant 1,$$

讨论 a 为何值时，$f(x)$ 在 $(0,1]$ 上 Lebesgue 可积或不可积.

12. 设从 $[0,1]$ 中取出 n 个可测子集 $E_1, E_2, \cdots, E_n$，假定 $[0,1]$ 中任一点至少属于这 n 个集中的 q 个，试证明：必有 1 个可测子集，它的测度大于或等于 q/n.

13. 设 $f \in \mathcal{L}([a,b])$，证明：若对任意的 $c \in [a,b]$ 有 $\int_a^c f(x)\mathrm{d}x = 0$，则

$$f(x) = 0 \text{ a.e.}.$$

14. 设 $m(E) \neq 0$，$f(x)$ 在 E 上可积，如果对于任何有界可测函数 $\varphi(x)$，都有

$$\int_E f(x)\varphi(x)\mathrm{d}x = 0,$$

证明：$f(x) = 0$ a.e. 于 E.

15. 设 $f \in \mathcal{L}(\mathbb{R})$，如果对 $\mathbb{R}$ 上任意连续函数 $g(x)$，有 $\int_{\mathbb{R}} f(x)g(x)\mathrm{d}x = 0$，试证明：$f(x) = 0$ a.e. $x \in \mathbb{R}$.

16. 设 $\{f(x)\}, \{f_n(x)\}$ 是 E 上的非负可测函数列，且有 $f_n(x) \Rightarrow f(x)(n \to \infty)$，试证明：

$$\int_E f(x)\mathrm{d}x \leqslant \varliminf_{n \to \infty} \int_E f_n(x)\mathrm{d}x.$$

17. 设 $f(x)$ 和 $\{f_n(x)\}$ 在 E 上都可积，且有 $f_n(x) \geqslant f(x)(n=1,2,\cdots)$，试证明：

$$\int_E \varliminf_{n \to \infty} f_n(x)\mathrm{d}x \leqslant \varliminf_{n \to \infty} \int_E f_n(x)\mathrm{d}x.$$

18. 设 $f(x), \{f_n(x)\}$ 是 E 上的可积函数，且有 $f_n(x) \leqslant f(x)(n=1,2,\cdots)$，试证明：

$$\int_E \varlimsup_{n \to \infty} f_n(x)\mathrm{d}x \geqslant \varlimsup_{n \to \infty} \int_E f_n(x)\mathrm{d}x.$$

19. 设 $\{f_n(x)\}$ 是 E 上的非负可积函数列，且有 $f_n(x) \geqslant f_{n+1}(x)(n=1,2,\cdots)$，试证明：

$$\lim_{n \to \infty} \int_E f_n(x)\mathrm{d}x = \int_E \lim_{n \to \infty} f_n(x)\mathrm{d}x.$$

20. 设 $f, f_k (k = 1, 2, \cdots)$ 在 $\mathbb{R}^n$ 上可积,且对于任一可测集 $E \subset \mathbb{R}^n$,有

$$\int_E f_k(x) \mathrm{d}x \leqslant \int_E f_{k+1}(x) \mathrm{d}x, \quad k = 1, 2, \cdots,$$

$$\lim_{k \to \infty} \int_E f_k(x) \mathrm{d}x = \int_E f(x) \mathrm{d}x,$$

试证明: $\lim_{k \to \infty} f_k(x) = f(x)$ a.e. 于 $\mathbb{R}^n$.

21. 证明: $\lim_{n \to \infty} \int_{(0, \infty)} \dfrac{\mathrm{d}t}{\left(1 + \dfrac{t}{n}\right)^n t^{\frac{1}{n}}} = 1$.

22. 证明: $\lim_{n \to \infty} \int_0^\infty \dfrac{\ln^p(x+n)}{n} \mathrm{e}^{-x} \sin x \, \mathrm{d}x = 0 \ (p > 0)$.

23. 设 $\{f_n\}$ 为 E 上可积函数列, $\lim_{n \to \infty} f_n(x) = f(x)$ a.e. 于 E,且

$$\int_E |f_n(x)| \mathrm{d}x < K, \qquad 其中 K 为常数,$$

证明: $f(x)$ 可积.

24. 设 $f \in \mathcal{L}(\mathbb{R})$, $f(0) = 0$ 且 $f'(0)$ 存在,试证明:积分 $\int_{\mathbb{R}} \dfrac{f(x)}{x} \mathrm{d}x$ 存在.

25. 试根据 $\dfrac{1}{1+x} = (1-x) + (x^2 - x^3) + \cdots, 0 < x < 1$,求证:

$$\ln 2 = 1 - \frac{1}{2} + \frac{1}{3} - \frac{1}{4} + \cdots.$$

26. 求下列积分:

(1) $\displaystyle\int_0^1 \frac{\ln x}{1-x} \mathrm{d}x$;   (2) $\displaystyle\int_0^1 \ln \frac{1+x}{1-x} \mathrm{d}x$;   (3) $\displaystyle\int_0^1 \frac{x^p}{1-x} \ln \frac{1}{x} \mathrm{d}x$.

27. 设 $f(x, t)$ 当 $|t - t_0| < \delta$ 时为 x 在 $[a, b]$ 上的可积函数,又有常数 K,使

$$\left| \frac{\partial}{\partial t} f(x, t) \right| \leqslant K, \quad a \leqslant x \leqslant b, \ |t - t_0| < \delta,$$

证明:

$$\frac{\mathrm{d}}{\mathrm{d}t} \int_a^b f(x, t) \mathrm{d}x = \int_a^b f_t'(x, t) \mathrm{d}x.$$

28. 设 $f(x)$ 在 $\mathbb{R}^p$ 上可积, $g(y)$ 在 $\mathbb{R}^q$ 上可积,试证明: $f(x) g(y)$ 在 $\mathbb{R}^p \times \mathbb{R}^q$ 上可积.

29. 在 $D: -1 \leqslant x \leqslant 1, -1 \leqslant y \leqslant 1$ 上定义

$$f(x, y) = \begin{cases} \dfrac{xy}{(x^2 + y^2)^2}, & x^2 + y^2 \neq 0, \\ 0, & x = y = 0, \end{cases}$$

证明: $f(x, y)$ 的两个累次积分存在且相等,但 $f(x, y)$ 在 D 上不可积.

30. 设 $f(x), g(x)$ 是 E 上非负可测函数,且 $f(x)g(x)$ 在 E 上可积,令
$$E_y = E[g \geq y],$$

证明:$F(y) = \int_{E_y} f(x)\mathrm{d}x$ 对一切 $y > 0$ 都存在,且成立
$$\int_0^{+\infty} F(y)\mathrm{d}y = \int_E f(x)g(x)\mathrm{d}x.$$

B组

31. 设 $m(E) < \infty$,$f(x)$ 是 E 上的可测函数,$0 < s < \infty$,试证明:
$$\lim_{t \to s} \int_E |f(x)|^t \mathrm{d}x = \int_E |f(x)|^s \mathrm{d}x.$$

32. 设 $m(E) < \infty$,且 $\{f_n(x)\}$ 是 E 上非负可积函数列,且有 $f \in \mathcal{L}(E)$,使得 $f_n(x)$ 在 E 上依测度收敛于 $f(x)$. 若
$$\lim_{n \to \infty} \int_E f_n(x)\mathrm{d}x = \int_E f(x)\mathrm{d}x,$$

试证明:
$$\lim_{n \to \infty} \int_E |f_n(x) - f(x)|\,\mathrm{d}x = 0.$$

33. 设 $f(x)$ 在 $[a-\varepsilon, b+\varepsilon]$ 上可积分,证明:
$$\lim_{t \to 0} \int_a^b |f(x+t) - f(x)|\,\mathrm{d}x = 0.$$

34. 若 f 在 $\mathbb{R}$ 上 L- 可积,证明:$\int_{\mathbb{R}} |f(x+h) - f(x)|\,\mathrm{d}x \to 0, h \to 0$.

35. 设 $f(x)$ 是 E 上的可测函数,对任意的 $\lambda > 0$,作点集 $\{x \in E: |f(x)| > \lambda\}$,它是可测集,我们称
$$f_*(\lambda) = m(\{x \in E: |f(x)| > \lambda\})$$

为 f 的分布函数. 证明:
$$\int_E |f(x)|^p \mathrm{d}x = p \int_0^\infty \lambda^{p-1} f_*(\lambda)\mathrm{d}\lambda \quad (1 \leq p < \infty).$$

36. 设 $f(x)$ 是 $(0,1)$ 上的非负可测函数,若存在常数 c 使得
$$\int_0^1 [f(x)]^n \mathrm{d}x = c, \quad n = 1, 2, \cdots,$$

试证明:存在可测集 $E \subset (0,1)$,使得 $f(x) = \chi_E(x)$ a.e. $x \in (0,1)$.

37. 设 $f(x), f_n(x)(n = 1, 2, \cdots)$ 都是 E 上的可积函数,且
$$\lim_{n \to \infty} f_n(x) = f(x) \text{ a. e. } \text{于} E,$$

若
$$\lim_{n \to \infty} \int_E |f_n(x)|\,\mathrm{d}x = \int_E |f(x)|\,\mathrm{d}x,$$

证明:在任意可测子集 $e \subset E$ 上,有

$$\lim_{n\to\infty}\int_e |f_n(x)|\,\mathrm{d}x = \int_e |f(x)|\,\mathrm{d}x.$$

38. 设 $f(x)$ 是 E 上的几乎处处有限的非负可测函数，$m(E)<\infty$. 在 $[0,\infty)$ 上作如下划分：

$$0 = y_0 < y_1 < \cdots < y_k < y_{k+1} < \cdots \to \infty,$$

其中 $y_{k+1}-y_k < \delta(k=0,1,\cdots)$. 若令

$$E_k = \{x\in E: y_k \leqslant f(x) < y_{k+1}\}, \quad k=0,1,\cdots,$$

证明：$f(x)$ 在 E 上是可积的当且仅当级数 $\sum_{k=0}^{\infty} y_k m(E_k) < \infty$，并且此时有

$$\lim_{\delta\to 0}\sum_{k=0}^{\infty} y_k m(E_k) = \int_E f(x)\mathrm{d}x.$$

39. 设 $f(x,y)$ 在 $[0,1]\times[0,1]$ 上可积，试证明：

$$\int_0^1\left[\int_0^x f(x,y)\mathrm{d}y\right]\mathrm{d}x = \int_0^1\left[\int_y^1 f(x,y)\mathrm{d}x\right]\mathrm{d}y.$$

40. 设 $f\in\mathcal{L}(\mathbb{R}^n)$，且满足

$$\int_{\mathbb{R}^n} f(x)\mathrm{d}x = c > 0,$$

试证明：对 $\lambda\in(0,c)$，存在 $E\subset\mathbb{R}^n$，使得 $\int_E f(x)\mathrm{d}x = \lambda$.

41. 设 $f(x)$ 是 E 上的有界可测函数，且存在正数 M 以及 $\alpha<1$，使得对于任意的 $\lambda>0$，有

$$m\big(\{x\in E: |f(x)|>\lambda\}\big) < \frac{M}{\lambda^\alpha},$$

试证明：$f\in\mathcal{L}(E)$.

42. 若 f 在 $\mathbb{R}$ 上 L-可积，证明：$\sum_{n=-\infty}^{+\infty} f(x+n)$ 几乎处处绝对收敛.

43. 若 f 在 $\mathbb{R}$ 上 L-可积，且 $\alpha>0$，证明：

$$\frac{f(nx)}{n^\alpha}\to 0 \text{ a.e. } x \quad (n\to\infty).$$

44. 设 $m(E)<\infty$，证明：f 在 E 上 L-可积 $\Leftrightarrow \sum_{n=1}^{\infty} 2^n m\big(E[f\geqslant 2^n]\big) < \infty$.

45. 设非负函数 $f\in\mathcal{L}((0,\infty))$，令

$$F(x) = \frac{1}{x}\int_0^x f(t)\mathrm{d}t, \quad x>0,$$

试证明：$F\notin\mathcal{L}((0,\infty))$.

46. 设 $f\in\mathcal{L}([0,1])$，$0<\lambda<1$. 若对任意子集 $E\subset[0,1]$，满足 $m(E)=\lambda$，总有 $\int_E f(x)\mathrm{d}x = 0$，证明：$f=0$ a.e..

47. 设 $f(x)$ 在 $(0,\infty)$ 上可积且一致连续，证明：$\lim_{x\to\infty} f(x) = 0$.

6 微分与不定积分

在学习 Riemann 积分时,我们知道积分与微分是互逆关系,并且这种关系通过牛顿-莱布尼茨公式表示出来. 对于 Lebesgue 积分,下面来考虑同样的问题. 本章主要介绍单调函数、有界变差函数、绝对连续函数及其微分的有关性质. 此外,我们还要研究 L-可积函数的变上限函数的可导性以及与被积函数之间的关系,并给出在 Lebesgue 积分意义下牛顿-莱布尼茨公式成立的条件. 对 Lebesgue 积分而言,研究这些问题比 Riemann 积分困难得多,需要很强的技巧. Riemann 积分中这些问题的结论是局部的,研究的方法也是局部的,而 Lebesgue 积分中所得结论是整体性的,因此 Riemann 积分的技巧方法不能直接推广到 Lebesgue 积分中来,读者在学习过程中须仔细体会.

6.1 单调函数的可微性

1) Vitali 覆盖

本节将介绍在 Vitali 意义下的覆盖引理,它在后面许多定理的证明中都要用到. 首先我们给出 Vitali 覆盖的定义.

定义 6.1 设 $E \subset \mathbb{R}$,$\mathcal{V} = \{I_\alpha\}$ 是区间族,其中区间 I_α 都是非退化的,即它们的区间长度大于零. 若对任意的 $x \in E$ 以及任意的 $\varepsilon > 0$,存在 $I_\alpha \in \mathcal{V}$,使得 $x \in I_\alpha$,$|I_\alpha| < \varepsilon$,则称 $\mathcal{V}$ 为 E 的 **Vitali 覆盖**.

设 $\mathcal{V}$ 是 E 的区间族覆盖,如果对任意 $x \in E$,存在一列 $I_n \in \mathcal{V}$ 使得 $x \in I_n$,且 $|I_n| \to 0, n \to \infty$,则 $\mathcal{V}$ 是 E 的 Vitali 覆盖.

定理 6.1(Vitali 覆盖引理) 设 $E \subset \mathbb{R}$,且 $m^*(E) < \infty$. 若 $\mathcal{V}$ 是 E 的 Vitali 覆盖,则存在一列两两不相交的 $\{I_n\} \subset \mathcal{V}$,使得

$$m^*\left(E \setminus \bigcup_{j=1}^{n} I_j\right) \to 0, \quad n \to \infty,$$

从而

$$m\left(E \setminus \bigcup_{j=1}^{\infty} I_j\right) = 0.$$

这样,E 中除了一个零测子集外,其它的点都被 $\{I_n\}$ 覆盖了,此时我们也说 $\{I_n\}$ 几

乎处处覆盖了 E.

证明 由于一列区间的端点所成集合是至多可列的，从而是零测的，所以不妨假设 $\mathcal{V}$ 是由闭区间组成. 因为 $m^*(E)<\infty$，存在开集 G，使得 $G\supset E$ 且 $m(G)<\infty$. 由 Vitali 覆盖定义，含在 G 中的所有区间仍构成一个 Vitali 覆盖，所以不妨假定 $\mathcal{V}$ 中的每个 I_α 均含于 G 内.

首先从 $\mathcal{V}$ 中任取一个区间，记为 I_1，若 $E\subset I_1$，则定理已得证. 不然的话，存在 $x\in E$ 但 $x\notin I_1$. 因为 I_1 是闭区间，所以存在 $I\in\mathcal{V}$，使得 $x\in I$ 且 $I\bigcap I_1=\varnothing$. 令

$$\Gamma_1=\{I\in\mathcal{V}:I\bigcap I_1=\varnothing\},$$

则 Γ_1 是非空的.

令 $\delta_1=\sup\{|I|:I\in\Gamma_1\}$. 注意到 $|I_\alpha|\leqslant m(G)$，$\forall\alpha$，从而有 $0<\delta_1\leqslant m(G)<\infty$. 在 Γ_1 中取一个区间，记为 I_2，使得 $|I_2|>\dfrac{1}{2}\delta_1$. 如果 $E\subset I_1\bigcup I_2$，则定理已得证. 不然，按照上述作法，类似可以找到 I_3.

下面利用归纳法来找出一列区间，假设按照前面做法已有 k 个互不相交的区间 $I_1,I_2,\cdots,I_k$. 如果 $E\subset\bigcup\limits_{j=1}^{k}I_j$，则定理已得证. 不然令

$$\Gamma_k=\{I\in\mathcal{V}:I\bigcap I_j=\varnothing,j=1,2,\cdots,k\}.$$

由于 $\mathcal{V}$ 是 E 的 Vitali 覆盖，Γ_k 也是非空的.

同样令 $\delta_k=\sup\{|I|:I\in\Gamma_k\}$. 于是在 Γ_k 中取一个区间，记为 I_{k+1}，使得

$$|I_{k+1}|>\frac{1}{2}\delta_k.$$

这样，如果该过程有限步不能完成，就得到一列互不相交的闭区间列 $\{I_j\}$.

下面证明 $\{I_j\}$ 满足定理的结论. 显然有 $\sum\limits_{j=1}^{\infty}|I_j|\leqslant m(G)<\infty$. 任给 $\varepsilon>0$，存在 N，使得 $\sum\limits_{j=N+1}^{\infty}|I_j|<\dfrac{\varepsilon}{5}$. 令 $S=E\backslash\bigcup\limits_{j=1}^{N}I_j$. 下面来证明 $m^*(S)<\varepsilon$.

对 $x\in S$，有 $x\in E$ 且 $x\notin\bigcup\limits_{j=1}^{N}I_j$. 因为 $\bigcup\limits_{j=1}^{N}I_j$ 是闭集，所以存在 $I\in\Gamma_N$，使得 $x\in I$. 由 δ_N 的定义，$|I|\leqslant\delta_N<2|I_{N+1}|$. 又当 $j\to\infty$ 时，$|I_j|\to0$，故可知 I 必与某个区间 $I_j(j>N)$ 相交；不然，因 $|I|\leqslant\delta_j\to0$，矛盾. 令 n 是 $\{I_j\}$ 中与 I 相交区间的最小下标，则 $n>N$，且有 $|I|\leqslant\delta_{n-1}<2|I_n|$. 记 x_j 是区间 I_j 的中点. 又由上面的讨论可知 $x\in I$ 且 $I\bigcap I_n\neq\varnothing$，所以

$$|x-x_n|\leqslant|I|+\frac{1}{2}|I_n|<\frac{5}{2}|I_n|.$$

取一列开区间 $J_j=\left(x_j-\dfrac{5}{2}|I_j|,x_j+\dfrac{5}{2}|I_j|\right)$，$j>N$，则 $x\in J_n$（见图示 6.1）.

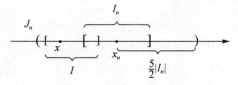

图 6.1 Vitali 证明示意图

这样,对任意 $x \in S$,存在 $n > N$ 使得 $x \in J_n$. 于是 $S \subset \bigcup_{j=N+1}^{\infty} J_j$. 由外测度定义知

$$m^*(S) \leqslant \sum_{j=N+1}^{\infty} |J_j| = 5 \sum_{j=N+1}^{\infty} |I_j| < \varepsilon,$$

从而,当 $n > N$ 时有

$$m^* \left(E \setminus \sum_{j=1}^{n} I_j \right) \leqslant m^*(S) < \varepsilon. \qquad \square$$

推论 6.2 若 $\mathcal{V}$ 是 E 的 Vitali 覆盖,对于任意的 $\varepsilon > 0$,存在有限个互不相交的 $I_j \in \mathcal{V} (j = 1, 2, \cdots, n)$,使得

$$m^* \left(E \setminus \bigcup_{j=1}^{n} I_j \right) < \varepsilon. \qquad (6.1)$$

2) 单调函数的可微性

下面我们考虑单调函数,证明著名的 Lebesgue 定理——单调函数是几乎处处可微的. 我们首先推广导数的概念,给出 Dini 导数的定义.

定义 6.2 设 $f(x)$ 是定义在点 x_0 的一个邻域上的实值函数,令

$$D^+ f(x_0) = \varlimsup_{h \to 0^+} \frac{f(x_0 + h) - f(x_0)}{h},$$

$$D_+ f(x_0) = \varliminf_{h \to 0^+} \frac{f(x_0 + h) - f(x_0)}{h},$$

$$D^- f(x_0) = \varlimsup_{h \to 0^-} \frac{f(x_0 + h) - f(x_0)}{h},$$

$$D_- f(x_0) = \varliminf_{h \to 0^-} \frac{f(x_0 + h) - f(x_0)}{h},$$

分别称为 $f(x)$ 在 x_0 点的右上导数、右下导数、左上导数和左下导数,总称为 **Dini 导数**.

注 6.1 由定义和上下极限的性质,可知

$$D^+ f(x_0) \geqslant D_+ f(x_0), \quad D^- f(x_0) \geqslant D_- f(x_0).$$

(1) 若 $D^+ f(x_0) = D_+ f(x_0)$ 为有限值,则 $f(x)$ 在 x_0 点右导数存在;

(2) 若 $D^- f(x_0) = D_- f(x_0)$ 为有限值,则 $f(x)$ 在 x_0 点的左导数存在.

f 在 x_0 点可导的充要条件是这四个 Dini 导数存在、有限且相等.

引理 6.3 设 $f(x)$ 是定义在 $[a,b]$ 上严格单调增加的实函数，且 $p \geqslant 0, q \geqslant 0$，$E$ 和 F 是 $[a,b]$ 的两个子集.

(1) 如果对 $\forall x \in E$ 有 $D_- f(x) \leqslant p$，或者对 $\forall x \in E$ 有 $D_+ f(x) \leqslant p$，那么

$$m^*(f(E)) \leqslant p \cdot m^*(E). \tag{6.2}$$

(2) 如果对 $\forall x \in F$ 有 $D^+ f(x) \geqslant q$，或者对 $\forall x \in F$ 有 $D^- f(x) \geqslant q$，那么

$$m^*(f(F)) \geqslant q \cdot m^*(F). \tag{6.3}$$

证明 (1) 不妨考虑第一种情形 $E = \{x : D_- f(x) \leqslant p\}$，另外一种情形类似可证. 任给 $\varepsilon > 0$，由外测度定义可得开集 $G \supset E$，使得 $m(G) < m^*(E) + \varepsilon$. $\forall x \in E$，由于 $D_- f(x) \leqslant p$，由定义，存在 $0 < h_x^j \to 0, j \to \infty$，使得

$$\frac{f(x - h_x^j) - f(x)}{-h_x^j} < p + \varepsilon. \tag{6.4}$$

又 $x \in G$，可取 h_x^j 充分小使得所有 $I_x^j = [x - h_x^j, x] \subset G$. 令 $J_x^j = [f(x - h_x^j), f(x)]$，因 $f(x)$ 在 $[a,b]$ 上严格单调增加，所以 J_x^j 都是长度大于零的闭区间. 由式 (6.4) 有

$$|J_x^j| \leqslant (p + \varepsilon) h_x^j \to 0, \quad j \to \infty,$$

这样 $\{J_x^j : x \in E, j \geqslant 1\}$ 构成了像集 $f(E)$ 的一个 Vitali 覆盖. 由 Vitali 覆盖引理，存在一列两两不相交的区间列 $\{J_j = J_{x_j}^{l_j} : j = 1, 2, \cdots\}$ 使得 $m(f(E) \setminus (\bigcup J_j)) = 0$，从而

$$m^*(f(E)) \leqslant \sum |J_j| \leqslant (p + \varepsilon) \sum |I_j|,$$

这里 $I_j = I_{x_j}^{l_j}$. 注意到 $\{J_j\}$ 是两两不交的，所以 $\{I_j\}$ 也是两两不交的，且都是 G 的子集. 这样 $\sum |I_j| \leqslant m(G) \leqslant m^*(E) + \varepsilon$，再结合上式有

$$m^*(f(E)) \leqslant (p + \varepsilon)(m^*(E) + \varepsilon),$$

注意到 ε 可以任意小，从而得到 $m^*(f(E)) \leqslant p \cdot m^*(E)$.

(2) 不妨考虑第一种情形 $F = \{x : D^+ f(x) \geqslant q\}$，另外一种情形类似可证. 如果 $q = 0$，结论显然成立，不妨设 $q > 0$. 下面利用 f 的反函数把它转化为 (1) 的情形.

首先由于 f 严格单调增加，所以 f 的反函数 f^{-1} 存在并且也是严格单调增加. 此外，由于 f 的不连续点至多可列，所以我们只要考虑 f 连续点即可.

如果 $y = f(x)$ 在 x 处连续，则 $x = f^{-1}(y)$ 在 y 处连续；如果 $y = f(x)$ 在 x 处可导，且 $f'(x) \neq 0$，则 $x = f^{-1}(y)$ 在 y 处可导，且 $(f^{-1})'(y) = \dfrac{1}{f'(x)}$.

下面证明：对 Dini 导数，有 $D_+ f^{-1}(y) = \dfrac{1}{D^+ f(x)}$. 设 x 是 f 的一个连续点，且令 $y = f(x), \tilde{h} = f(x + h) - f(x)$，则 $\tilde{h} \to 0^+$，当 $h \to 0^+$. 于是

$$D^+ f(x) = \varlimsup_{h \to 0^+} \frac{f(x + h) - f(x)}{h} = 1 \Big/ \varliminf_{h \to 0^+} \frac{f^{-1}(y + \tilde{h}) - f^{-1}(y)}{\tilde{h}}.$$

注意到 $\tilde{h}$ 依赖于 h，于是

$$D_+ f^{-1}(y) = \varliminf_{\bar{h} \to 0^+} \frac{f^{-1}(y+\bar{h})-f^{-1}(y)}{\bar{h}} \leqslant \varliminf_{\tilde{h} \to 0^+} \frac{f^{-1}(y+\tilde{h})-f^{-1}(y)}{\tilde{h}},$$

于是

$$D^+ f(x) \leqslant \frac{1}{D_+ f^{-1}(y)}.$$

同理可以得到

$$D_+ f(x) \geqslant \frac{1}{D^+ f^{-1}(y)},$$

再用 $f^{-1}(y)$ 代替 $f(x)$ 可以得到

$$D_+ f^{-1}(y) \geqslant \frac{1}{D^+ f(x)},$$

结合上述的反向不等式就证明了等式

$$D_+ f^{-1}(y) = \frac{1}{D^+ f(x)}.$$

设 $f(x)$ 在 F 上连续, 则 $f^{-1}(y)$ 在 $f(F)$ 上也连续, 且 $\forall\, y \in f(F)$, 有

$$D_+ f^{-1}(y) = \frac{1}{D^+ f(x)} \leqslant \frac{1}{q}.$$

令

$$A = \{x \in F : f \text{ 在 } x \text{ 处不连续}\}, \quad \widetilde{F} = F \backslash A,$$

则 A 是一个至多可数集, 而 f 在 $\widetilde{F}$ 上处处连续. 所以, 当 $y \in f(\widetilde{F})$, 有

$$D_+ f^{-1}(y) \leqslant \frac{1}{q}.$$

对 f^{-1} 和 $f(\widetilde{F})$, 利用(1)的结论有

$$m^*(\widetilde{F}) = m^*(f^{-1}(f(\widetilde{F}))) \leqslant \frac{1}{q} \cdot m^*(f(\widetilde{F})),$$

这样 $m^*(f(\widetilde{F})) \geqslant q \cdot m^*(\widetilde{F})$, 于是

$$m^*(F) = m^*(\widetilde{F}) \leqslant \frac{1}{q} \cdot m^*(f(\widetilde{F})) = \frac{1}{q} \cdot m^*(f(F)). \qquad \square$$

引理 6.4 设 $f(x)$ 是 $[a,b]$ 上严格单调增加的实函数, $0 \leqslant p < q$. 令

$$E_{pq} = \{x \in [a,b] : D^+ f(x) > q > p > D_- f(x)\},$$
$$F_{pq} = \{x \in [a,b] : D^- f(x) > q > p > D_+ f(x)\},$$

则 $m(E_{pq}) = m(F_{pq}) = 0$.

证明 由引理 6.3 可知

$$q \cdot m^*(E_{pq}) \leqslant m^*(f(E_{pq})) \leqslant p \cdot m^*(E_{pq}),$$

从而 $(q-p)m^*(E_{pq}) \leqslant 0$. 注意到 $q-p > 0$, 所以 $m^*(E_{pq}) = 0$.

同理 $m^*(F_{pq}) = 0$. $\qquad \square$

定理 6.5(Lebesgue) 若 $f(x)$ 是 $[a,b]$ 上单调增加的实函数, 则 $f(x)$ 在 $[a,b]$

上几乎处处可微,且有

$$\int_a^b f'(x)\mathrm{d}x \leqslant f(b) - f(a). \tag{6.5}$$

证明 首先注意到 f 在 $[a,b]$ 上不一定严格单调增加,故令 $g(x) = f(x) + x$,则 g 在 $[a,b]$ 上严格单调增加. 又显然 f 与 g 有相同的可导点和不可导点,故只要证明 g 是几乎处处可微即可. 因此为方便起见,不妨设 f 在 $[a,b]$ 上严格单调增加.

在 x 点可导等价于所有 Dini 导数相等,于是只要证明对于 (a,b) 中几乎处处的 x,有

$$D_- f(x) = D^- f(x) = D_+ f(x) = D^+ f(x).$$

令

$$E = \{x \in [a,b]: D^+ f(x) > D_- f(x)\},$$
$$F = \{x \in [a,b]: D^- f(x) > D_+ f(x)\}.$$

容易证明对 $x \in [a,b] \setminus (E \cup F)$, f 在 x 处可导,这样只需证明 E 与 F 都是零测集即可.

令

$$E_{pq} = \{x: D^+ f(x) > q > p > D_- f(x)\}.$$

显然 $E = \bigcup_{p,q \in \mathbb{Q}^+} E_{pq}$. 由上述引理 6.4, E_{pq} 都是零测的,从而 E 也是零测的. 同理 F 也是零测的.

最后,我们来证明式 (6.5). 现在已经知道 $f'(x)$ 在 $[a,b]$ 上是几乎处处有定义的,根据 $f(x)$ 的单调增加性, $f'(x) \geqslant 0$ a.e. $x \in [a,b]$. 令

$$f_n(x) = n\left[f\left(x + \frac{1}{n}\right) - f(x)\right], \quad x \in [a,b],$$

这里我们要补充定义:当 $x > b$ 时,定义 $f(x) = f(b)$. 易知

$$f_n(x) \geqslant 0, \quad \lim_{n \to \infty} f_n(x) = f'(x) \text{ a.e. } x \in [a,b].$$

因为

$$\int_a^b f_n(x)\mathrm{d}x = n\int_a^b \left[f\left(x + \frac{1}{n}\right) - f(x)\right]\mathrm{d}x$$
$$= n\int_b^{b+\frac{1}{n}} f(x)\mathrm{d}x - n\int_a^{a+\frac{1}{n}} f(x)\mathrm{d}x$$
$$\leqslant f(b) - n\int_a^{a+\frac{1}{n}} f(a)\mathrm{d}x = f(b) - f(a),$$

由 Fatou 引理可得

$$\int_a^b f'(x)\mathrm{d}x \leqslant \varliminf_{n \to \infty} \int_a^b f_n(x)\mathrm{d}x \leqslant f(b) - f(a),$$

故式 (6.5) 成立. 由此可知 $f'(x)$ 还是几乎处处有限的,从而 $f(x)$ 几乎处处可微. $\quad\square$

由上述定理 6.5,显然单调减少函数也是几乎处处可微的. "单调函数是几乎

处处可微的"这一结论,一般来说是不能改进的. 我们知道单调函数不连续点至多是可数的,但是不可微的点虽然测度是零测的,却可以是不可数集. 事实上,我们可以利用前面介绍的 Cantor 三分集来构造一个单调增加的不恒为常值的连续函数,它的导数几乎处处为零,而它的不可导的点恰是 Cantor 三分集中的点. 这里我们就不具体给出了,有兴趣的读者可以参考相关教材. 该例子同时说明数学中的有些结论很难依靠直观来感觉.

在微积分中考虑函数的可导性问题时,通常是点点、局部进行考虑. 而实变函数中考虑问题的思路有很大的不同,一个重要的思想是把可导的点放在一起考虑,也就是整体考虑可导的点. 这个想法与微积分的局部考虑问题的想法有本质区别,涉及的技巧也更强,请读者仔细体会这些思想和方法.

6.2 有界变差函数

定义 6.3 设 $f(x)$ 是 $[a,b]$ 上的有限实值函数,对区间 $[a,b]$ 作任意分划,记为
$$\Delta : a = x_0 < x_1 < \cdots < x_n = b.$$
令
$$\overset{b}{\underset{a}{\bigvee}}(f) = \sup_{\Delta} \sum_{i=1}^{n} |f(x_i) - f(x_{i-1})|,$$

并称它为 f 在 $[a,b]$ 上的全变差. 若 $\overset{b}{\underset{a}{\bigvee}}(f) < \infty$,则称 $f(x)$ 是 $[a,b]$ 上的**有界变差函数**,其全体记为 $BV([a,b])$.

例 6.1 区间 $[a,b]$ 上的单调有界函数是有界变差的.

事实上,对任意分划 Δ,都有
$$\sum_{i=1}^{n} |f(x_i) - f(x_{i-1})| = |f(b) - f(a)|,$$
从而可知 $f \in BV([a,b])$.

例 6.2 若 $f(x)$ 是定义在区间 $[a,b]$ 上的可微函数,且 $|f'(x)| \leqslant M$,则 $f(x)$ 是 $[a,b]$ 上的有界变差函数.

证明 对于任意分划 $\Delta : a = x_0 < x_1 < \cdots < x_n = b$,由微分中值定理可知
$$\sum_{i=1}^{n} |f(x_i) - f(x_{i-1})| \leqslant \sum_{i=1}^{n} M(x_i - x_{i-1}) = M(b-a),$$
从而得到
$$\overset{b}{\underset{a}{\bigvee}}(f) \leqslant M(b-a) < \infty. \qquad \Box$$

由定义立即可得下面的定理:

定理 6.6

(1) 设 $f \in BV([a,b])$，则 $f(x)$ 在 $[a,b]$ 上是有界函数；

(2) 若 $f, g \in BV([a,b])$，则 $f+g$，$f \cdot g \in BV([a,b])$.

证明 由定义直接验证即可.　　　　　　　　　　□

定理 6.7 若 $f(x)$ 是 $[a,b]$ 上的实值函数，$a < c < b$，则

$$\overset{b}{\underset{a}{V}}(f) = \overset{c}{\underset{a}{V}}(f) + \overset{b}{\underset{c}{V}}(f).$$

证明 不妨设 $\overset{c}{\underset{a}{V}}(f)$ 与 $\overset{b}{\underset{c}{V}}(f)$ 都是有限的. 考虑 $[a,b]$ 的一个分划

$$\Delta : a = x_0 < x_1 < x_2 < \cdots < x_n = b,$$

设 $x_r \leqslant c < x_{r+1}$，从而

$$a = x_0 < x_1 < \cdots < x_r \leqslant c < x_{r+1} < \cdots < x_n = b.$$

则

$$\sum_{i=1}^{n} |f(x_i) - f(x_{i-1})|$$

$$= \sum_{i=1}^{r} |f(x_i) - f(x_{i-1})| + |f(x_{r+1}) - f(x_r)| + \sum_{i=r+2}^{n} |f(x_i) - f(x_{i-1})|$$

$$\leqslant \left(\sum_{i=1}^{r} |f(x_i) - f(x_{i-1})| + |f(c) - f(x_r)| \right)$$

$$+ \left(|f(x_{r+1}) - f(c)| + \sum_{i=r+2}^{n} |f(x_i) - f(x_{i-1})| \right)$$

$$\leqslant \overset{c}{\underset{a}{V}}(f) + \overset{b}{\underset{c}{V}}(f),$$

由此可知

$$\overset{b}{\underset{a}{V}}(f) \leqslant \overset{c}{\underset{a}{V}}(f) + \overset{b}{\underset{c}{V}}(f).$$

另一方面，对于任意的 $\varepsilon > 0$，必存在 $[a,c]$ 的分划 $\Delta_1 : a = x_0 < x_1 < \cdots < x_r = c$，使得

$$\sum_{i=1}^{r} |f(x_i) - f(x_{i-1})| > \overset{c}{\underset{a}{V}}(f) - \frac{\varepsilon}{2}.$$

同样，也存在 $[c,b]$ 的分划 $\Delta_2 : c = x_r < x_{r+1} < \cdots < x_n = b$，使得

$$\sum_{j=r+1}^{n} |f(x_j) - f(x_{j-1})| > \overset{b}{\underset{c}{V}}(f) - \frac{\varepsilon}{2}.$$

记 $\Delta_1 \bigcup \Delta_2$ 为 Δ_1 与 Δ_2 中分点合并而成的 $[a,b]$ 的分划，且合并后的分点为

$$a = x_0 < x_1 < \cdots < x_r = c < x_{r+1} < \cdots < x_n = b,$$

则

$$\bigvee_a^b(f) \geqslant \sum_{i=1}^n |f(x_i) - f(x_{i-1})|$$

$$= \sum_{i=1}^r |f(x_i) - f(x_{i-1})| + \sum_{j=r+1}^n |f(x_j) - f(x_{j-1})|$$

$$> \bigvee_a^c(f) + \bigvee_c^b(f) - \varepsilon,$$

由 ε 任意性可知

$$\bigvee_a^b(f) \geqslant \bigvee_a^c(f) + \bigvee_c^b(f).$$

综上,定理得证. □

定理 6.8(Jordan 分解定理) 设 $f \in BV([a,b])$,则存在单调增加的函数 $g(x)$ 与 $h(x)$,使得 $f(x) = g(x) - h(x)$.

证明 令

$$g(x) = \bigvee_a^x(f), \quad h(x) = \bigvee_a^x(f) - f(x),$$

则 $f(x) = g(x) - h(x)$. 显然 $g(x) = \bigvee_a^x(f)$ 对 x 是单调增加. 又当 $a \leqslant x_1 < x_2 \leqslant b$ 时,有

$$h(x_2) - h(x_1) = \bigvee_a^{x_2}(f) - \bigvee_a^{x_1}(f) - f(x_2) + f(x_1)$$

$$\geqslant \bigvee_{x_1}^{x_2}(f) - |f(x_2) - f(x_1)| \geqslant 0,$$

这说明 $h(x)$ 是 $[a,b]$ 上的单调增加函数. □

由上述分解定理立即得到下面的结论:

推论 6.9 若 $f \in BV([a,b])$,则 $f(x)$ 是几乎处处可微的,且 $f'(x)$ 是 $[a,b]$ 上的可积函数.

6.3 绝对连续函数与不定积分

在 Riemann 积分中曾考虑过一个可积函数的变上限函数与被积函数的关系,最重要的就是牛顿-莱布尼茨公式. 对于 Lebesgue 积分,我们也考虑类似的问题. 为此,首先引入绝对连续函数的概念.

定义 6.4(绝对连续函数) 设 $f(x)$ 为区间 $[a,b]$ 上的有限函数,如果对任何 $\varepsilon > 0$,存在 $\delta > 0$,使对 $[a,b]$ 中互不相交的任意有限个开区间 (a_i, b_i),$i = 1, 2 \cdots, n$,只要 $\sum_{i=1}^n (b_i - a_i) < \delta$ 就有 $\sum_{i=1}^n |f(b_i) - f(a_i)| < \varepsilon$,则称 $f(x)$ 为 $[a,b]$ 上的**绝对连续函数**.

对于绝对连续函数,当自变量的变化总量很小时,函数值的变化总量也很小.因此,从定义立即可知绝对连续函数一定是连续函数.

下面给出一些重要的绝对连续函数的例子.

例 6.3 若 $f \in \mathcal{L}([a,b])$,则其变上限函数 $F(x) = \int_a^x f(t)\,\mathrm{d}t$ 是 $[a,b]$ 上的绝对连续函数.

证明 对于任意的 $\varepsilon > 0$,因为 $f \in \mathcal{L}([a,b])$,由积分的绝对连续性,存在 $\delta > 0$,当 $A \subset [a,b]$ 且 $m(A) < \delta$ 时,有

$$\int_A |f(x)|\,\mathrm{d}x < \varepsilon.$$

现在对于 $[a,b]$ 中任意有限个互不相交的区间:

$$(x_1, y_1), (x_2, y_2), \cdots, (x_n, y_n),$$

当其长度总和 $\displaystyle\sum_{i=1}^n |y_i - x_i| < \delta$ 时,成立

$$\sum_{i=1}^n |F(y_i) - F(x_i)| = \sum_{i=1}^n \left| \int_{x_i}^{y_i} f(x)\,\mathrm{d}x \right| \leqslant \sum_{i=1}^n \int_{x_i}^{y_i} |f(x)|\,\mathrm{d}x$$

$$= \int_{\bigcup_{i=1}^n (x_i, y_i)} |f(x)|\,\mathrm{d}x < \varepsilon. \qquad \square$$

例 6.4 若函数 $f(x)$ 在 $[a,b]$ 上满足 Lipschitz 条件:

$$|f(x) - f(y)| \leqslant M|x - y|, \quad \forall x, y \in [a,b],$$

则 $f(x)$ 是 $[a,b]$ 上的绝对连续函数.

事实上,因为

$$\sum_{i=1}^n |f(y_i) - f(x_i)| \leqslant M \sum_{i=1}^n |y_i - x_i| < \delta M,$$

所以对于任意的 $\varepsilon > 0$,只需取 $\delta < \varepsilon / M$ 立即可知结论成立.

例 6.5 区间 $[a,b]$ 上的绝对连续函数必是有界变差函数.

证明 取 $\varepsilon = 1$,由绝对连续函数的定义,存在 $\delta > 0$,当 $[a,b]$ 中任意有限个互不相交开区间 $(x_i, y_i)(i = 1, 2, \cdots, n)$ 满足

$$\sum_{i=1}^n (y_i - x_i) < \delta$$

时,有

$$\sum_{i=1}^n |f(y_i) - f(x_i)| < 1.$$

作分划 $\Delta: a = c_0 < c_1 < \cdots < c_n = b$,使得

$$c_{k+1} - c_k < \delta, \quad k = 0, 1, \cdots, n-1,$$

从而 f 在 $[c_k, c_{k+1}]$ 上都是有界变差的,且有 $\overset{c_{k+1}}{\underset{c_k}{V}}(f) \leqslant 1$.由有界变差函数的性质知 f

在$[a,b]$上也是有界变差的. □

推论 6.10 若$f(x)$是$[a,b]$上的绝对连续函数,则$f(x)$在$[a,b]$上是几乎处处可微的,且$f'(x)$是$[a,b]$上的可积函数.

引理 6.11 设$f(x)$是$[a,b]$上的绝对连续函数,如果$E \subset [a,b]$且$m(E)=0$,则$m(f(E))=0$.

证明 由绝对连续函数定义,$\forall \varepsilon > 0$,$\exists \delta > 0$,使得对于$[a,b]$中互不相交的区间列$(x_j, y_j)(j=1,2,\cdots)$,只要$\sum_{j=1}^{\infty}(y_j - x_j) < \delta$,就有

$$\sum_{j=1}^{\infty} |f(y_j) - f(x_j)| \leqslant \varepsilon.$$

因$E \setminus \{a,b\} \subset (a,b)$是零测集,存在开集$G \subset (a,b)$使得$G \supset E \setminus \{a,b\}$,且$m(G) < \delta$. 由$\mathbb{R}$上的开集构造定理,有$G = \bigcup_{j=1}^{\infty} I_j$,其中$I_j = (x_j, y_j)$是$(a,b)$中的两两不相交的开区间,从而

$$\sum_{j=1}^{\infty} |y_j - x_j| = \sum_{j=1}^{\infty} |I_j| = m(G) < \delta.$$

由于f是连续的,存在$c_i, d_i \in [x_i, y_i]$,使得$f([x_i, y_i]) = [f(c_i), f(d_i)]$. 此外,注意到

$$f(\bigcup I_j) = \bigcup f(I_j) \quad \text{和} \quad \sum_{j=1}^{\infty} |d_j - c_j| \leqslant \sum_{j=1}^{\infty} |I_j| < \delta,$$

从而可得

$$m^*(f(E \setminus \{a,b\})) \leqslant m(f(G))) = m(\bigcup f(I_j))$$

$$\leqslant \sum_{j=1}^{\infty} |f(d_j) - f(c_j)| \leqslant \varepsilon,$$

于是

$$m^*(f(E)) = m^*(f(E \setminus \{a,b\})) \leqslant \varepsilon,$$

所以$m(f(E)) = 0$. □

推论 6.12 若$f(x)$是区间$[a,b]$上的绝对连续函数,E是$[a,b]$中的可测集,则$f(E)$是可测集.

证明 由可测集的结构可知,存在一列闭集$\{F_n\}$和零测集M使得

$$E = M \cup \left(\bigcup_n F_n \right).$$

注意到$f(F_n)$是闭集以及$f(M)$是零测集,由

$$f(E) = f(M) \cup \left(\bigcup_n f(F_n) \right)$$

可得推论成立. □

引理 6.13 设$f(x)$是$[a,b]$上的实值函数,$E \subset [a,b]$,如果$f'(x)$在E上存在

且 $|f'(x)|\leqslant M$, 则

$$m^*(f(E))\leqslant M\cdot m^*(E). \tag{6.6}$$

证明 任给 $\varepsilon>0$, 令

$$E_n=\left\{x\in E\colon 当 y\in[a,b]且|y-x|<\frac{1}{n}时,|f(y)-f(x)|\leqslant(M+\varepsilon)|x-y|\right\}.$$

需要注意的是, 这里 E_n 显然与 $\varepsilon>0$ 有关, 并且对所有 $\varepsilon>0$, 总成立

$$E_n\subset E_{n+1},\quad E=\bigcup E_n,$$

这样还有 $f(E_n)\subset f(E_{n+1})$. 由习题 3 中第 35 题关于等测包的结论(对于单调增加集列, 求外测度与求极限运算是可以交换次序的), 可知

$$\lim_{n\to\infty}m^*(E_n)=m^*(E),\quad \lim_{n\to\infty}m^*(f(E_n))=m^*(f(E)).$$

下面, 我们先对 E_n 证明一个有关的结论, 然后通过极限关系得到引理的结论.

与上述引理 6.11 的证明类似, 由外测度的定义, 对于上述 $\varepsilon>0$, 存在开区间列 $I_k^{(n)}\subset(a,b)$, 使得 $\bigcup_k I_k^{(n)}\supset E_n\setminus\{a,b\}$, 且

$$\sum_{k=1}^{\infty}|I_k^{(n)}|<m^*(E_n\setminus\{a,b\})+\varepsilon=m^*(E_n)+\varepsilon.$$

此外, 还可以要求这些区间都很小使得

$$|I_k^{(n)}|<\frac{1}{n},\quad k=1,2,\cdots.$$

若 $x,y\in E_n\bigcap I_k^{(n)}$, 则有

$$|f(y)-f(x)|<(M+\varepsilon)|y-x|\leqslant(M+\varepsilon)|I_k^{(n)}|,$$

从而

$$m^*(f(E_n\bigcap I_k^{(n)}))\leqslant\mathrm{diam}(f(E_n\bigcap I_k^{(n)}))\leqslant(M+\varepsilon)|I_k^{(n)}|,$$

且

$$\sum_{k=1}^{\infty}m^*(f(E_n\bigcap I_k^{(n)}))\leqslant(M+\varepsilon)\sum_{k=1}^{\infty}|I_k^{(n)}|<(M+\varepsilon)(m^*(E_n)+\varepsilon).$$

注意到 $E_n\subset\left(E_n\bigcap\bigcup_{k=1}^{\infty}I_k^{(n)}\right)\bigcup\{a,b\}$, 于是

$$m^*(f(E_n))\leqslant(M+\varepsilon)(m^*(E_n)+\varepsilon).$$

在上式中固定 $\varepsilon>0$, 再令 $n\to\infty$, 可得

$$m^*(f(E))\leqslant(M+\varepsilon)(m^*(E)+\varepsilon),$$

再由 ε 的任意性, 可得 $m^*(f(E))\leqslant M\cdot m^*(E)$. □

在导函数有界的情形下, 引理 6.13 给出了它的像集外测度的一个控制估计. 准确地说, 像集的外测度最多放大到定义集合的外测度乘以导函数绝对值的上确界. 在下面的引理中我们要证明, 当导函数无界时, 它的像集的外测度可以被导函数绝对值的积分所控制.

引理 6.14 若 $f(x)$ 是 $[a,b]$ 上的可测函数，$E \subset [a,b]$ 是可测集，且 $f(x)$ 在 E 上可微，则

$$m^*(f(E)) \leqslant \int_E |f'(x)| \, \mathrm{d}x. \tag{6.7}$$

证明 首先由习题 4 中第 6 题的结论，可得 $f'(x)$ 是 E 上处处有限的可测函数. 任给 $\varepsilon > 0$，令

$$E_n = \{x \in E : (n-1)\varepsilon \leqslant |f'(x)| < n\varepsilon\}, \quad n \geqslant 1,$$

则 $E = \bigcup E_n$，且集列 $\{E_n\}$ 两两不相交. 下面我们把 f 限制在 E_n 中，由引理 6.13 可知 $m^*(f(E_n)) \leqslant n\varepsilon \, m(E_n)$. 注意到 $\int_{E_n} |f'(x)| \, \mathrm{d}x \geqslant (n-1)\varepsilon m(E_n)$，这样

$$m^*(f(E_n)) \leqslant \int_{E_n} |f'(x)| \, \mathrm{d}x + \varepsilon m(E_n).$$

又 $f(E) = \bigcup f(E_n)$，于是由外测度的次可加性得

$$m^*(f(E)) \leqslant \sum_{n=1}^{\infty} \int_{E_n} |f'(x)| \, \mathrm{d}x + \varepsilon \sum_{n=1}^{\infty} m(E_n) = \int_E |f'(x)| \, \mathrm{d}x + \varepsilon m(E),$$

再由 ε 的任意性，式 (6.7) 成立. $\qquad\square$

定理 6.15 设 $f(x)$ 是 $[a,b]$ 上的绝对连续函数，且 $f'(x) = 0$ a.e. $x \in [a,b]$，则存在常数 c 使得 $f(x) = c, \forall x \in [a,b]$.

证明 令

$$E = \{x \in [a,b] : f'(x) = 0\}, \quad F = [a,b] \setminus E,$$

则 E 和 F 都是可测的，且 $m(F) = 0$. 由推论 6.12，$f(E)$ 和 $f(F)$ 都是可测的. 由引理 6.11 和引理 6.14 可知 $m(f(F)) = m(f(E)) = 0$，又 $f([a,b]) \subset f(E) \bigcup f(F)$，所以 $m(f([a,b])) = 0$. 又因为 f 连续，所以在 $[a,b]$ 上分别有最小值 α 和最大值 β，这样 $f([a,b]) = [\alpha, \beta]$，从而 $m(f([a,b])) = \beta - \alpha = 0$，即 $\alpha = \beta$，所以 f 只能为常数. $\qquad\square$

定理 6.16 设 $f(x)$ 在 $[a,b]$ 上可积，令 $F(x) = \int_a^x f(t) \, \mathrm{d}t$，则

$$F'(x) = f(x) \text{ a.e. } x \in [a,b].$$

证明 任给 $\varepsilon > 0$，因 $f(x)$ 在 $[a,b]$ 上可积，故由例 5.6，有连续函数 $\varphi(x)$ 使得

$$\int_a^b |f(t) - \varphi(t)| \, \mathrm{d}t < \frac{\varepsilon}{2}.$$

而由数学分析知识可知，对连续函数 $\varphi(x)$ 有 $\dfrac{\mathrm{d}}{\mathrm{d}x} \int_a^x \varphi(t) \, \mathrm{d}t = \varphi(x)$，因此

$$\int_a^b \left| \frac{\mathrm{d}}{\mathrm{d}x} \int_a^x f(t) \, \mathrm{d}t - f(x) \right| \mathrm{d}x$$

$$= \int_a^b \left| \frac{\mathrm{d}}{\mathrm{d}x} \int_a^x (f(t) - \varphi(t)) \, \mathrm{d}t + \varphi(x) - f(x) \right| \mathrm{d}x$$

$$\leqslant \int_a^b \left| \frac{\mathrm{d}}{\mathrm{d}x} \int_a^x (f(t) - \varphi(t)) \, \mathrm{d}t \right| \mathrm{d}x + \int_a^b |\varphi(x) - f(x)| \, \mathrm{d}x.$$

令 $g(t) = f(t) - \varphi(t)$，显然 $g(t)$ 在 $[a,b]$ 上可积. 又因为

$$g(x) = g^+(x) - g^-(x),$$

而 $\int_a^x g^+(t)\mathrm{d}t, \int_a^x g^-(t)\mathrm{d}t$ 为两个增函数，所以

$$\frac{\mathrm{d}}{\mathrm{d}x}\int_a^x g(t)\mathrm{d}t = \frac{\mathrm{d}}{\mathrm{d}x}\int_a^x g^+(t)\mathrm{d}t - \frac{\mathrm{d}}{\mathrm{d}x}\int_a^x g^-(t)\mathrm{d}t \ \text{a.e.} \ x \in [a,b],$$

于是，由定理 6.5 可得

$$\int_a^b \left| \frac{\mathrm{d}}{\mathrm{d}x}\int_a^x g(t)\mathrm{d}t \right| \mathrm{d}x$$

$$\leqslant \int_a^b \left(\frac{\mathrm{d}}{\mathrm{d}x}\int_a^x g^+(t)\mathrm{d}t \right) \mathrm{d}x + \int_a^b \left(\frac{\mathrm{d}}{\mathrm{d}x}\int_a^x g^-(t)\mathrm{d}t \right) \mathrm{d}x$$

$$\leqslant \int_a^b g^+(x)\mathrm{d}x + \int_a^b g^-(x)\mathrm{d}x$$

$$= \int_a^b |g(x)|\mathrm{d}x.$$

所以

$$\int_a^b \left| \frac{\mathrm{d}}{\mathrm{d}x}\int_a^x f(t)\mathrm{d}t - f(x) \right| \mathrm{d}x \leqslant 2\int_a^b |f(x) - \varphi(x)|\mathrm{d}x < \varepsilon,$$

由于 $\varepsilon > 0$ 的任意性，得左边积分为 0，从而被积函数几乎处处为 0，得证. $\square$

定理 6.17　设 $f(x)$ 是 $[a,b]$ 上的绝对连续函数，则 $f(x)$ 在 $[a,b]$ 上几乎处处可导，且导函数 $f'(x)$ 在 $[a,b]$ 上可积. 此外，有

$$f(x) = f(a) + \int_a^x f'(t)\mathrm{d}t. \tag{6.8}$$

证明　由上述推论 6.10 可知 $f'(x)$ a.e. 存在，且在 $[a,b]$ 上可积.

设 $g(x) = \int_a^x f'(t)\mathrm{d}t$，令 $h(x) = f(x) - g(x)$. 由假设和例 6.3, $h(x)$ 也是绝对连续的. 由定理 6.16 得

$$h'(x) = f'(x) - g'(x) = 0 \ \text{a.e.} \ x \in [a,b],$$

再由定理 6.15，便得 $h(x) = c$，即

$$f(x) = \int_a^x f'(t)\mathrm{d}t + c,$$

这里 $c = f(a)$. $\square$

下面给出可积函数不定积分的概念.

定义 6.5（不定积分）　设 $f(x)$ 在 $[a,b]$ 上 L-可积，则 $[a,b]$ 上的函数

$$F(x) = \int_a^x f(t)\mathrm{d}t + c \quad （c \text{ 为任一常数}）$$

称为 $f(x)$ 的**不定积分**.

由上述分析可知，绝对连续函数是几乎处处可导的，且导函数是可积的，但是，

反之不一定成立. 例如,单调函数就是几乎处处可导的,且导函数是可积的,但是它不一定是绝对连续的. 下面的例子说明,在一些条件下几乎处处可导且导函数是可积的函数是绝对连续的.

例 6.6 设 f 在 $[a,b]$ 上处处可微,且 $f'(x)$ 在 $[a,b]$ 上可积,则 f 在 $[a,b]$ 上绝对连续,并且

$$\int_a^b f'(x)\mathrm{d}x = f(b) - f(a).$$

证明 考虑任意一个区间 $[x,y] \subset [a,b]$,由于 f 处处可微,从而连续,因此其值域 $f([x,y])$ 也是个闭区间. 由上述引理 6.14,有

$$|f(x) - f(y)| \leqslant m(f([x,y]) \leqslant \int_{[x,y]} |f'(t)|\,\mathrm{d}t.$$

$\forall \varepsilon > 0$,既然 $f' \in \mathcal{L}([a,b])$,$\exists \delta > 0$,使得当 $A \subset [a,b]$ 且 $m(A) < \delta$ 时,有

$$\int_A |f'(x)|\,\mathrm{d}x < \varepsilon.$$

设 $\{(x_j, y_j)\}_{j=1}^n$ 是一列两两不相交的区间,且 $\sum_{j=1}^n |y_j - x_j| \leqslant \delta$. 由 f 连续可知

$$\sum_{j=1}^n |f(y_j) - f(x_j)| \leqslant \sum_{j=1}^n m(f([x_j, y_j])) \leqslant \int_{\bigcup_{j=1}^n [x_j, y_j]} |f'(x)|\,\mathrm{d}x < \varepsilon,$$

于是 f 绝对连续. 再由定理 6.17,结论得证. □

值得注意的是,本例的结论不是定理 6.17 的逆命题. 因为这里需要 f 处处可微,而不是几乎处处可微. 在几乎处处可微条件下有下面的结论:

例 6.7 设 f 在 $[a,b]$ 上处处连续,几乎处处可微,并且 $f'(x)$ 在 $[a,b]$ 上可积. 如果 f 把零测集映成零测集,那么 f 在 $[a,b]$ 上绝对连续,并且

$$\int_a^b f'(x)\mathrm{d}x = f(b) - f(a).$$

证明 只需注意到,在例 6.6 的证明中,处处可微的条件只用来得到函数的连续性和

$$m(f([x,y]) \leqslant \int_{[x,y]} |f'(t)|\,\mathrm{d}t.$$

由假设,f 把零测集映成零测集,易证上述不等式也成立,而其它推理一样. □

例 6.8 若 $f \in \mathcal{L}([a,b])$,则其不定积分

$$F(x) \doteq \int_a^x f(t)\mathrm{d}t$$

是 $[a,b]$ 上的有界变差函数,其全变差为

$$\bigvee_a^b (F) = \int_a^b |f(x)|\,\mathrm{d}x. \tag{6.9}$$

证明 对任意分划 $\Delta: a = x_0 < x_1 < \cdots < x_n = b$,有

$$\sum_{i=1}^{n} |F(x_i) - F(x_{i-1})| = \sum_{i=1}^{n} \left| \int_{x_{i-1}}^{x_i} f(x) \mathrm{d}x \right| \leqslant \int_a^b |f(x)| \mathrm{d}x < \infty,$$

从而可知 $F(x)$ 是$[a,b]$ 上的有界变差函数,且有

$$\bigvee_a^b (F) \leqslant \int_a^b |f(x)| \mathrm{d}x.$$

为证明上式的反向不等式,首先证明

$$\frac{\mathrm{d}}{\mathrm{d}x} \bigvee_a^x (F) \geqslant |F'(x)| \text{ a.e. } x \in [a,b].$$

显然 $\bigvee_a^x (F) = \bigvee_a^x (-F)$,且它们关于 x 都是增函数. 令 $h(x) = \bigvee_a^x (F) - F(x)$,则 $h(x)$ 也是单增的有界变差函数,所以

$$h'(x) = \frac{\mathrm{d}}{\mathrm{d}x} \bigvee_a^x (F) - F'(x) \geqslant 0 \text{ a.e. },$$

这样

$$\frac{\mathrm{d}}{\mathrm{d}x} \bigvee_a^x (F) \geqslant F'(x) \text{ a.e. }.$$

再用 $-F$ 代替 F,注意到 $\bigvee_a^x (F) = \bigvee_a^x (-F)$,可得

$$-\frac{\mathrm{d}}{\mathrm{d}x} \bigvee_a^x (F) \leqslant F'(x) \text{ a.e. }.$$

结合上面两个不等式得证.

再由定理 6.5,可得

$$\int_a^b |f(x)| \mathrm{d}x = \int_a^b |F'(x)| \mathrm{d}x \leqslant \int_a^b \frac{\mathrm{d}}{\mathrm{d}x} \bigvee_a^x (F) \mathrm{d}x \leqslant \bigvee_a^b (F). \qquad \square$$

定理 6.18(分部积分公式) 设 $f(x), g(x)$ 是$[a,b]$ 上的绝对连续函数,则

$$\int_a^b f(x) g'(x) \mathrm{d}x = f(x) g(x) \Big|_a^b - \int_a^b f'(x) g(x) \mathrm{d}x.$$

证明 因为 f, g 都是$[a,b]$ 上的绝对连续函数,容易证明 $f(x) \cdot g(x)$ 也是 $[a,b]$ 上的绝对连续函数,这样 $f(x) \cdot g(x)$ 在$[a,b]$ 上几乎处处可导,且有

$$(f(x)g(x))' = f(x)g'(x) + f'(x)g(x) \text{ a.e. },$$

所以

$$\int_a^b g(x) f'(x) \mathrm{d}x + \int_a^b f(x) g'(x) \mathrm{d}x$$

$$= \int_a^b (f(x)g(x))' \mathrm{d}x = f(x)g(x) \Big|_a^b. \qquad \square$$

6.4 积分换元公式

Riemann 积分有换元公式或积分变换,这对于理论和计算来说都是非常重要

的. 下面我们讨论 Lebesgue 积分的换元公式问题. 这里首先讨论一元变量的 Lebesgue 积分的变换问题, 对此简单的情形, 我们将给出较为详细的证明; 对于 n 元变量的情形, 我们主要给出一个重要的变换公式, 它的详细的证明请读者参考有关资料.

1) 一元积分换元公式

首先证明导数为零的集合的像集是零测集, 这说明在导数为零的集合上所取的函数值不会太多. 例如在一个区间上导数为零, 则函数值只能取一个值.

定理 6.19 设 $f(x)$ 是 $[a,b]$ 上的实值函数, 在子集 $E \subset [a,b]$ 上可微, 则在 E 上 $f'(x) = 0$ a.e. 的充分必要条件是 $m(f(E)) = 0$.

证明 必要性: 令 $F_n = \{x \in E: n-1 < f'(x) \leqslant n\}, n \geqslant 1$, 则 $\bigcup F_n = \{x \in E: |f'(x)| > 0\}$. 由假设知 $m(F_n) = 0$. 由引理 6.13, $m^*(f(F_n)) \leqslant n \cdot m^*(F_n) = 0$, 所以 $m^*(f(F_n)) = 0$. 又 $f(E) \subset \bigcup_{n=1}^{\infty} f(F_n)$, 所以 $m^*(f(E)) \leqslant \sum_n m^*(f(F_n)) = 0$, 于是 $m(f(E)) = 0$.

充分性: 假设 $m(f(E)) = 0$. 令 $E_* = \{x \in E: f'(x) > 0\}$, 要证 $m(E_*) = 0$. 我们令

$$E_n \equiv \left\{ x \in E: \text{当 } y \in [a,b], |y-x| < \frac{1}{n} \text{ 时}, |f(y)-f(x)| \geqslant \frac{|y-x|}{n} \right\}.$$

显然有 $E_n \subset E_{n+1}$, 且 $E_* = \bigcup_{n=1}^{\infty} E_n$. 只要能证明 $m(E_n) = 0 (n \geqslant 1)$ 即可. 这又等价于证明, 对任一个区间 I, 满足 $|I| < 1/n$, 总有 $I \cap E_n$ 是零测的. 为方便起见, 我们记 $A = I \cap E_n$, 下面来证明 $m(A) = 0$.

注意到 $f(A) \subset f(E)$, 由假设知 $m(f(A)) = 0$. 对任意 $\varepsilon > 0$, 存在 $f(A)$ 的一列开区间覆盖 $\{I_j\}$, 使得 $\sum_{j=1}^{\infty} |I_j| < \varepsilon$. 令 $A_j = A \cap f^{-1}(I_j)$. 注意到

$$\bigcup I_j \supset f(A) \quad \text{和} \quad f^{-1}(\bigcup I_j) = \bigcup f^{-1}(I_j) \supset A,$$

容易得到 $A = \bigcup_{j=1}^{\infty} A_j$.

既然 $A_j \subset A = I \cap E_n$, 对 $\forall x, y \in A_j$, 有 $|x-y| \leqslant \frac{1}{n}$, 且 $x, y \in E_n$, 从而有 $|x-y| \leqslant n|f(x)-f(y)|$. 这样

$$m^*(A_j) \leqslant \text{diam}(A_j) \leqslant n \cdot \text{diam}(f(A_j)).$$

又 $A_j \subset f^{-1}(I_j)$, 所以 $f(A_j) \subset I_j$, 从而 $\text{diam}(f(A_j)) \leqslant |I_j|$. 结合上述结论, 容易得到

$$m^*(A) \leqslant \sum_{j=1}^{\infty} m^*(A_j) \leqslant n \sum_{j=1}^{\infty} m(I_j) \leqslant n\varepsilon,$$

再由 ε 的任意性知 $m(A) = 0$. □

定理 6. 20（复合函数的微分） 假设下列两个条件成立：

（1）$\varphi:[a,b] \to [c,d]$ 是几乎处处可微的函数；

（2）$f(x)$ 是 $[c,d]$ 上的几乎处处可微的函数，且对于 $[c,d]$ 中任意零测集 Z，$f(Z)$ 也是零测集.

如果 $f(\varphi(t))$ 在 $[a,b]$ 上几乎处处可微，那么

$$[f(\varphi(t))]' = f'[\varphi(t)]\varphi'(t) \ \text{a.e.} \ t \in [a,b]. \tag{6.10}$$

证明 令 $Z = \{x \in [c,d]: f \text{ 在 } x \text{ 处不可微}\}, A = \varphi^{-1}(Z), B = [a,b] \backslash A$，则 $[a,b] = B \bigcup A$. 下面证明式（6.10）分别在 B 和 A 上几乎处处成立.

设 $t \in B$，且 φ 在 t 处可微，从而也连续. 又 $\varphi(t) \notin Z$，所以 $f(x)$ 在 $x = \varphi(t)$ 处也可微. 由复合函数求导法则，$f(\varphi(t))$ 在 t 处可微，且式（6.10）在 t 处成立. 注意到 φ 几乎处处可微，从而式（6.10）在 B 上几乎处处成立.

因为 $m(\varphi(A)) = m(Z) = 0$，由假设（2）得 $m(f(\varphi(A))) = 0$. 因为 φ 和 $f \circ \varphi$ 在 A 上几乎处处可微，利用定理 6.19，可知

$$\varphi'(t) = 0 = [f(\varphi(t))]' \ \text{a.e.} \ t \in A,$$

这样式（6.10）在 A 上几乎处处成立. □

注意，这里 $f'(\varphi(t))$ 可能没有意义，但是我们仍认为 $f'(\varphi(t)) \cdot 0 = 0$.

上述定理中，f 将零测集映为零测集的条件是必要的. 例如，设 φ 是 $[0,1]$ 上严格单增的连续函数且 $\varphi'(t) = 0$ a.e.，而令 $f = \varphi^{-1}$，则 $f(x)$ 也是单增的且几乎处处可微的函数. 显然 $[f(\varphi(t))]' = 1(t \in [a,b])$，但是式（6.10）不成立. 此外，还假设了复合函数几乎处处可微，该假设在证明中对复合函数利用定理 6.19 时要用到.

推理 6. 21 设 $\varphi(t)$ 以及 $f(\varphi(t))$ 在 $[a,b]$ 上几乎处处可微，其中 $f(x)$ 在 $[c,d]$ 上绝对连续，$\varphi([a,b]) \subset [c,d]$，则

$$[f(\varphi(t))]' = f'(\varphi(t))\varphi'(t) \ \text{a.e.} \ t \in [a,b].$$

定理 6. 22（换元积分法） 假设 $\varphi(x)$ 在 $[a,b]$ 上是几乎处处可微的，$f(x)$ 是 $[c,d]$ 上的可积函数，且 $\varphi([a,b]) \subset [c,d]$. 记

$$F(x) = \int_c^x f(t)\mathrm{d}t,$$

则下述两个命题是等价的：

（1）$F(\varphi(t))$ 是 $[a,b]$ 上的绝对连续函数；

（2）$f(\varphi(t))\varphi'(t)$ 是 $[a,b]$ 上的可积函数，且对任意 $\alpha, \beta \in [a,b]$，有

$$\int_{\varphi(\alpha)}^{\varphi(\beta)} f(x)\mathrm{d}x = \int_\alpha^\beta f(\varphi(t))\varphi'(t)\mathrm{d}t. \tag{6.11}$$

证明 假定（2）成立. 由于 $F(x)$ 是绝对连续函数，则由定理 6.17 可知

$$F'(x) = f(x) \ \text{a.e.},$$

且对一切 $t \in [a,b]$ 有

$$F(\varphi(t)) - F(\varphi(a)) = \int_{\varphi(a)}^{\varphi(t)} f(x)\mathrm{d}x = \int_a^t f(\varphi(s))\varphi'(s)\mathrm{d}s,$$

这说明 $F(\varphi(t))$ 是 $[a,b]$ 上的绝对连续函数.

反之,假定(1)成立. 注意到 $F(x)$ 也是绝对连续函数,则由定理 6.17 得到 $F(x)$ 和 $F(\varphi(t))$ 分别关于 x,t 几乎处处可微,且

$$\int_{\varphi(\alpha)}^{\varphi(\beta)} f(x)\mathrm{d}x = F(\varphi(\beta)) - F(\varphi(\alpha)) = \int_\alpha^\beta [F(\varphi(t))]'\mathrm{d}t.$$

再由定理 6.20 得到 $f(\varphi(t))\varphi'(t) = [F(\varphi(t))]'$ a.e. 在 $[a,b]$ 上成立,且式(6.11)成立. □

在定理 6.22 中,$\varphi(t)$ 是几乎处处可微,但不一定是绝对连续函数. 例如:

$$F(x) = x^2, \quad \varphi(t) = \begin{cases} t\sin\dfrac{1}{t}, & t \neq 0, \\ 0, & t = 0, \end{cases}$$

则 $\varphi(t)$ 不是 $[0,1]$ 上的绝对连续函数. 然而 $F(x)$ 与 $F(\varphi(t))$ 都在 $[0,1]$ 上绝对连续,从而定理成立. 当 φ 是绝对连续函数时,有下面的结论:

定理 6.23 设 $\varphi:[a,b] \to [c,d]$ 是绝对连续函数,f 在 $[c,d]$ 上 L- 可积. 如果下述条件之一成立:

(1) $\varphi(t)$ 在 $[a,b]$ 上是单调函数;

(2) $f(x)$ 在 $[c,d]$ 上是有界函数;

(3) $f(\varphi(t))\varphi'(t)$ 在 $[a,b]$ 上是可积函数,

则对任意 $\alpha,\beta \in [a,b]$,有

$$\int_{\varphi(\alpha)}^{\varphi(\beta)} f(x)\mathrm{d}x = \int_\alpha^\beta f(\varphi(t))\varphi'(t)\mathrm{d}t.$$

证明 令

$$F(x) = \int_c^x f(u)\mathrm{d}u, \quad x \in [c,d].$$

问题归结为证明 $F(\varphi(t))$ 在 $[a,b]$ 上绝对连续. 条件(1)和(2)可直接由绝对连续函数的定义验证. 而对于(3),我们利用有界可测函数列来逼近 f.

取简单可测函数列

$$|f_n(x)| \leqslant |f(x)| \quad 且 \quad f_n(x) \to f(x), \quad n \to \infty.$$

对有界函数,由(2)结论已成立,再对这个有界可测函数列的结论取极限,利用控制收敛定理,即可得到结论对 f 也成立. □

上述定理 6.22 和定理 6.23 给出了一元 Lebesgue 积分变换的一些充分条件,这些结论在理论证明中非常重要. 定理 6.22 中结论(1)比较抽象,而定理 6.23 中的条件(1)和(2)比较具体,容易验证.

2) $\mathbb{R}^n$ 上积分换元公式

下面主要给出 $\mathbb{R}^n$ 上积分换元公式. 它是一维情形到高维的推广, 形式上类似于 Riemann 积分的变换, 但是它的证明比较困难和复杂. 因此这里我们省略了它的证明, 感兴趣的读者可参考有关教材.

为简洁起见, 我们仅给出积分变换是微分同胚的情形, 这也是一种经常用到的特殊情形. 设 U 是 $\mathbb{R}^n$ 中的开集, $\varphi: U \to \mathbb{R}^n$ 是可微映射.

令 $\varphi(t) = (\varphi_1(t), \varphi_2(t), \cdots, \varphi_n(t))$, 我们称

$$\begin{bmatrix} \dfrac{\partial \varphi_1}{\partial t_1} & \cdots & \dfrac{\partial \varphi_1}{\partial t_n} \\ \vdots & \ddots & \vdots \\ \dfrac{\partial \varphi_n}{\partial t_1} & \cdots & \dfrac{\partial \varphi_n}{\partial t_n} \end{bmatrix}$$

为 φ 的 Jacobi 矩阵, 其 Jacobi 行列式记为 $J_\varphi(t)$.

如果 φ 在 U 上可微, 并且它的所有偏导数都是连续的, 我们称 φ 是 C^1 变换. 显然, 当 φ 是 C^1 变换时, 它的 Jacobi 行列式是 U 上的连续函数.

下面假设 U, V 是 $\mathbb{R}^n$ 的开集, $\varphi: U \to V$ 满足下述条件:

(1) φ 是 U 到 V 上的 C^1 的一一变换;

(2) $J_\varphi(t) \neq 0 \ (t \in U)$.

定理 6.24(积分换元公式)　设 $f(x)$ 是 V 上的可测函数, 则下列结论成立:

(1) $f[\varphi(t)]$ 是 U 上的可测函数;

(2) $f(x)$ 在 V 上可积当且仅当 $f(\varphi(t))|J_\varphi(t)|$ 在 U 可积;

(3) 当 $f(x)$ 在 V 上可积或 $f(x) \geqslant 0$ 时, 有

$$\int_V f(x)\mathrm{d}x = \int_U f(\varphi(t))|J_\varphi(t)|\mathrm{d}t.$$

由于我们考虑的变换是同胚变换, 所以它有逆变换, 因此结论(2)是容易理解的, 也是自然的. 而结论(3)说明, 对于非负函数, 无论可积还是积分值为无穷大, 上述变换公式总是成立的; 对于变号函数, 则要求函数可积才有上述变换公式.

6.5　斯蒂尔切斯(Stieltjes)积分

Stieltjes 积分有两种, 一种是 Riemann-Stieltjes 积分, 它是 Riemann 积分的一种推广, 主要是把在 Jordan 测度意义下的 Riemann 积分推广到更一般测度意义下的积分, 其本质上与 Riemann 积分类似; 另外一种称为 Lebesgue-Stieltjes 积分, 它是 Lebesgue 积分的推广, 主要是把 Lebesgue 测度意义下的积分推广到更一般测

度意义下的积分,其本质上与 Lebesgue 积分类似.

1) Riemann-Stieltjes 积分

我们首先来看一个物理问题:考虑有质量的线段$[a,b]$,设分布在线段$[a,x]$上的总质量为$m(x)$. 这是已知的关于x的递增函数,从而分布在线段$[x,x']$上的质量为$m(x')-m(x)$. 由于质量分布不一定均匀,将区间$[a,b]$作分划

$$\Delta: a=x_0<x_1<\cdots<x_n=b, \quad \|\Delta\|=\max_i\{x_i-x_{i-1}\},$$

则该线段$[a,b]$关于原点O的力矩和转动惯量分别定义为下列极限:

$$M=\lim_{\|\Delta\|\to 0}\sum_{i=1}^n x_i(m(x_i)-m(x_{i-1})), \quad 记为\int_a^b x\,dm(x),$$

$$J=\lim_{\|\Delta\|\to 0}\sum_{i=1}^n x_i^2(m(x_i)-m(x_{i-1})), \quad 记为\int_a^b x^2\,dm(x).$$

由于实际问题的需要,从数学上将此概念做进一步推广,这就是下面要介绍的 Stieltjes 积分.

定义 6.6(R-S积分)   设$f(x),\alpha(x)$为$[a,b]$上处处有限的函数,Δ为$[a,b]$的任意分划:

$$a=x_0<x_1<\cdots<x_n=b,$$

任取$\xi_i\in[x_{i-1},x_i](i=1,2,\cdots,n)$,作和式

$$\sum_{i=1}^n f(\xi_i)[\alpha(x_i)-\alpha(x_{i-1})].$$

令$\Delta x_i=x_i-x_{i-1}(i=1,2,\cdots,n)$,如果当$\|\Delta\|=\max_{1\leqslant i\leqslant n}\Delta x_i\to 0$时,上述和式总有确定的有限极限,且此极限不依赖于$\Delta$的分法,也不依赖于$\xi_i$的取法,则称此极限为$f(x)$在$[a,b]$上关于$\alpha(x)$的 R-S 积分,记为

$$\int_a^b f(x)\,d\alpha(x).$$

由定义易知,当$\alpha(x)=x$时,R-S 积分就是 R-积分,可见 R-S 积分是 R-积分的一种推广,不同的是定义域空间的测度不一样.

下面给出 R-S 积分简单运算性质,这些性质类似于 Riemann 积分很容易证明, 我们把它们留给读者. 首先假设下面涉及的积分都是存在的.

定理 6.25

(1) $\int_a^b[f(x)+g(x)]\,d\alpha(x)=\int_a^b f(x)\,d\alpha(x)+\int_a^b g(x)\,d\alpha(x)$;

(2) $\int_a^b f(x)\,d(\alpha(x)+\beta(x))=\int_a^b f(x)\,d\alpha(x)+\int_a^b f(x)\,d\beta(x)$;

(3) 设k,l为常数,则

$$\int_a^b kf(x)\,d(l\alpha(x))=k\cdot l\int_a^b f(x)\,d\alpha(x);$$

(4) 设 $a < c < b$,则

$$\int_a^b f(x)\mathrm{d}\alpha(x) = \int_a^c f(x)\mathrm{d}\alpha(x) + \int_c^b f(x)\mathrm{d}\alpha(x).$$

值得注意的是,上述性质(4),当左边积分存在时,则等式右边两个积分都存在,且上述等式成立. 但是,当等式右边两个积分都存在时,左边积分也有可能不存在. 下面的例子说明了这一点.

例 6.9　设 $f(x)$ 和 $\alpha(x)$ 如下定义:

$$f(x) = \begin{cases} 0, & -1 \leqslant x \leqslant 0, \\ 1, & 0 < x \leqslant 1; \end{cases} \qquad \alpha(x) = \begin{cases} 0, & -1 \leqslant x < 0, \\ 1, & 0 \leqslant x \leqslant 1. \end{cases}$$

由定义易知,$f(x)$ 在 $[-1,1]$ 上关于 $\alpha(x)$ 的 R-S 积分是不存在的,但是 $f(x)$ 分别在 $[-1,0]$ 与 $[0,1]$ 上关于 $\alpha(x)$ 的 R-S 积分都存在,且都是零.

为了简单起见,下面给出 R-S 积分存在的一些充分条件,这些结论在应用中非常重要. 理论上也可以给出 R-S 积分存在的充分必要条件,这里我们不详细讨论该问题,有兴趣的读者可以参看有关资料.

定理 6.26　设 $f(x)$ 在 $[a,b]$ 上连续,$\alpha(x)$ 在 $[a,b]$ 上单调增加,则 $\int_a^b f(x)\mathrm{d}\alpha(x)$ 存在.

证明　类似于 Riemann 积分的讨论,我们定义关于分划的大和与小和. 任取区间 $[a,b]$ 上的分划 $\Delta: a = x_0 < x_1 < \cdots < x_n = b$,作和数

$$S(\Delta, f, \alpha) = \sum_{i=1}^n M_i(\alpha(x_i) - \alpha(x_{i-1})),$$

$$s(\Delta, f, \alpha) = \sum_{i=1}^n m_i(\alpha(x_i) - \alpha(x_{i-1})),$$

这里 M_i, m_i 分别为 $f(x)$ 在 $[x_{i-1}, x_i]$ 上的上、下确界. 任取 $\xi_i \in [x_{i-1}, x_i]$,令

$$\sigma = \sum_{i=1}^n f(\xi_i)(\alpha(x_i) - \alpha(x_{i-1})),$$

显然有

$$s(\Delta, f, \alpha) \leqslant \sigma \leqslant S(\Delta, f, \alpha).$$

完全类似于 R-积分,对任何两分划 Δ_1, Δ_2,总有

$$s(\Delta_1, f, \alpha) \leqslant S(\Delta_2, f, \alpha).$$

令 $A = \sup\limits_{\Delta}\{s(\Delta, f, \alpha)\}$,则 $s \leqslant A \leqslant S$,因此

$$|\sigma - A| \leqslant S - s.$$

因为 $f(x)$ 在 $[a,b]$ 上连续,从而一致连续. 对任何 $\varepsilon > 0$,$\exists \delta > 0$,当 $|x'' - x'| < \delta$ 时,有

$$|f(x'') - f(x')| < \varepsilon/(\alpha(b) - \alpha(a) + 1),$$

所以当 $\|\Delta\| < \delta$ 时,有

$$|M_i - m_i| < \varepsilon/(\alpha(b) - \alpha(a) + 1),$$

于是

$$S - s < \varepsilon,$$

故当 $\|\Delta\| < \delta$ 时 $|\sigma - A| < \varepsilon$,即 $\lim\limits_{\|\Delta\| \to 0} \sigma = A.$ □

定理 6.27 设 $f(x)$ 在 $[a,b]$ 上连续,$\alpha(x)$ 在 $[a,b]$ 上有界变差,则 $\int_a^b f(x)\mathrm{d}\alpha(x)$ 存在.

证明 由 Jordan 分解定理知道,$\alpha(x)$ 可以分解为两个单调增加的函数之差,再由上述运算性质,结论成立. □

下面给出关于 R-S 积分的分部积分公式.

定理 6.28 如果 $\int_a^b f(x)\mathrm{d}\alpha(x)$ 与 $\int_a^b \alpha(x)\mathrm{d}f(x)$ 中有一个存在,则另一个也存在,且

$$\int_a^b f(x)\mathrm{d}\alpha(x) + \int_a^b \alpha(x)\mathrm{d}f(x) = f(x)\alpha(x)\Big|_a^b.$$

证明 不妨设 $\int_a^b f(x)\mathrm{d}\alpha(x)$ 存在. 任取 $[a,b]$ 的一个分划

$$\Delta: a = x_0 < x_1 < \cdots < x_n = b,$$

$\forall \xi_i \in [x_{i-1}, x_i]$,注意到 $x_i \in [\xi_i, \xi_{i+1}]$ 以及

$$a = x_0 \leqslant \xi_1 \leqslant \xi_2 \leqslant \cdots \leqslant \xi_n \leqslant x_n = b$$

也是 $[a,b]$ 的一个分划. 令

$$x_0' = x_0 = a, \quad x_i' = \xi_i, \ 1 \leqslant i \leqslant n, \quad x_{n+1}' = x_n = b;$$

$$\xi_1' = x_0, \quad \xi_i' = x_{i-1}, \ 2 \leqslant i \leqslant n, \quad \xi_{n+1}' = x_n,$$

则

$$\Delta': a = x_0' \leqslant x_1' \leqslant \cdots \leqslant x_n' \leqslant x_{n+1}' = b$$

是 $[a,b]$ 的一个分划,且 $\xi_i' \in [x_{i-1}', x_i'], i = 1, 2, \cdots, n+1.$

直接计算有

$$\sum_{i=1}^n \alpha(\xi_i)[f(x_i) - f(x_{i-1})]$$

$$= -\sum_{i=1}^{n+1} f(\xi_i')[\alpha(x_i') - \alpha(x_{i-1}')] + f(b)\alpha(b) - f(a)\alpha(a).$$

当 $\|\Delta\| \to 0$ 时,上式两边取极限,利用定义结论得证. □

推论 6.29 设 $f(x)$ 在 $[a,b]$ 上有界变差,$\alpha(x)$ 在 $[a,b]$ 上连续,则 $\int_a^b f(x)\mathrm{d}\alpha(x)$ 存在.

在一定条件下,R-S 积分可表示为 R-积分或 L-积分.

定理 6.30 设 $f(x)$ 在 $[a,b]$ 上连续,$\alpha(x)$ 处处可导且导函数 $\alpha'(x)$ 为 R-可积,则

$$(R\text{-}S)\int_a^b f(x)\mathrm{d}\alpha(x) = (R)\int_a^b f(x)\alpha'(x)\mathrm{d}x.$$

证明 因为 $\alpha'(x)$ 是 Riemann 可积的,所以有界,又由中值定理易知 $\alpha(x)$ 满足 Lipschitz 条件,从而 $\alpha(x)$ 是有界变差函数. 这样上式左端 R-S 积分是存在的. 另一方面,由假设可知 $f(x)\alpha'(x)$ 在 $[a,b]$ 上 R-可积.

任取区间 $[a,b]$ 的一个分划 $\Delta:a = x_0 < x_1 < \cdots < x_n = b$. 根据中值定理,可知存在 $\xi_i \in [x_{i-1},x_i]$,使得

$$\alpha(x_i) - \alpha(x_{i-1}) = \alpha'(\xi_i)(x_i - x_{i-1}).$$

考虑下面特殊和

$$\sum_{i=1}^n f(\xi_i)\left[\alpha(x_i) - \alpha(x_{i-1})\right] = \sum_{i=1}^n f(\xi_i)\alpha'(\xi_i)(x_i - x_{i-1}),$$

两边取极限($\|\Delta\| \to 0$)即得证. □

定理 6.31 设 $f(x)$ 在 $[a,b]$ 上连续,$g(x)$ 为绝对连续,则

$$(R\text{-}S)\int_a^b f(x)\mathrm{d}g(x) = (L)\int_a^b f(x)g'(x)\mathrm{d}x.$$

证明 显然上面两个积分都存在,下面证明两积分相等.

任取分划 $\Delta:a = x_0 < x_1 < \cdots < x_n = b$,令

$$\sigma = \sum_{i=1}^n f(\xi_i)\left[g(x_i) - g(x_{i-1})\right].$$

因为

$$g(x_i) - g(x_{i-1}) = \int_{x_{i-1}}^{x_i} g'(x)\mathrm{d}x,$$

所以

$$\sigma - \int_a^b f(x)g'(x)\mathrm{d}x = \sum_{i=1}^n \int_{x_{i-1}}^{x_i} \left[f(\xi_i) - f(x)\right]g'(x)\mathrm{d}x.$$

又因为 $f(x)$ 在 $[a,b]$ 上一致连续,所以对任意 $\varepsilon > 0$,$\exists \delta$,使得当 $\|\Delta\| \leqslant \delta$ 时

$$|f(\xi_i) - f(x)| \leqslant \varepsilon/M, \quad \forall x \in [x_{i-1},x_i],$$

这里 $M = \int_a^b |g'(x)|\mathrm{d}x + 1$ 是一个常数. 于是

$$\left|\sigma - \int_a^b f(x)g'(x)\mathrm{d}x\right| \leqslant \sum_{i=1}^n \frac{\varepsilon}{M}\int_{x_{i-1}}^{x_i} |g'(x)|\mathrm{d}x < \varepsilon,$$

所以当 $\|\Delta\| \to 0$ 时,$\sigma \to \int_a^b f(x)g'(x)\mathrm{d}x$. □

2) Lebesgue-Stieltjes 积分

Lebesgue-Stieltjes 积分本质上是个测度问题. 首先,$\mathbb{R}$ 上的单调增加函数可以

确定一个测度,称为 L‑S 测度;然后,类似由 L‑测度建立 L‑积分,也可以由 L‑S 测度建立类似的 L‑S 积分. 因此,这里主要介绍一下 L‑S 测度定义的思想. 由 L‑测度理论知道,只要有了外测度的概念就可以类似建立相应的测度理论,所以我们先介绍 L‑S 外测度.

设 $\alpha(x)$ 为定义在 $\mathbb{R}$ 上的有限增函数,对任何开区间 $I = (x,x')$,称

$$\alpha(x') - \alpha(x)$$

为区间 I 的"权",记为 $|I| = \alpha(x') - \alpha(x)$.

定义 6.7(L‑S 外测度) 对任一点集 $E \subset \mathbb{R}$,非负实数

$$\inf_{E \subset \bigcup\limits_{i=1}^{\infty} I_i} \sum_{i=1}^{\infty} |I_i|$$

称为 E 关于分布函数 $\alpha(x)$ 的 L‑S 外测度,记为 $m_\alpha^*(E)$.

显然,当 $\alpha(x) = x$ 时,L‑S 外测度便成为 L‑外测度.

L‑S 外测度与 L‑外测度有同样的基本性质:

(1)(非负性) $m_\alpha^*(E) \geqslant 0$,且 $m_\alpha^*(\varnothing) = 0$;

(2)(单调性) 如果 $A \subset B$,则 $m_\alpha^*(A) \leqslant m_\alpha^*(B)$;

(3)(次可列可加性) $m_\alpha^*\left(\bigcup\limits_{i=1}^{\infty} E_i\right) \leqslant \sum\limits_{i=1}^{\infty} m_\alpha^*(E_i)$.

需要注意的是,在 L‑测度中,以 a,b 为端点的区间,不论开、闭或半开半闭,它的外测度总等于 $b - a$,但是在 L‑S 外测度中,此结论就不再成立了.

事实上,我们有下面的结论:

定理 6.32

(1) $m_\alpha^*(a,b) = \alpha(b-0) - \alpha(a+0)$;

(2) $m_\alpha^*(a,b] = \alpha(b+0) - \alpha(a+0)$;

(3) $m_\alpha^*[a,b] = \alpha(b+0) - \alpha(a-0)$;

(4) $m_\alpha^*[a,b) = \alpha(b-0) - \alpha(a-0)$.

该定理的证明留给读者.

由定理 6.32 可以看出,对 $\alpha(x)$ 取常值的任意开区间 I,总有 $m_\alpha^*(I) = 0$;而对于 $\alpha(x)$ 的任意不连续点 x_0,则有

$$m_\alpha^*\{x_0\} = \alpha(x_0+0) - \alpha(x_0-0) > 0.$$

此外,如果我们改变函数 $\alpha(x)$ 在不连续点的值,并不影响它生成的 L‑S 外测度的值. 因此,为方便起见,可以将 $\alpha(x)$ 规范化,用一个右连续的增函数(在连续点上它们相等)来代替它. 这样就可以要求 $\alpha(x)$ 为右连续的增函数,从而有

$$m_\alpha^*(a,b] = \alpha(b) - \alpha(a).$$

有了 L‑S 外测度,就可以类似定义 L‑S 可测集及测度.

定义 6.8(L–S 可测集及测度) 设 $E \subset \mathbb{R}$,如果对任何 $T \subset \mathbb{R}$,总有

$$m_\alpha^*(T) = m_\alpha^*(T \cap E) + m_\alpha^*(T \cap E^c),$$

则 E 称为关于 $\alpha(x)$ 的 L–S 可测集,而 $m_\alpha^*(E)$ 称为 E 关于 $\alpha(x)$ 的测度,记为 $m_\alpha(E)$.

有了可测的定义,类似于 L–测度,我们可以讨论可测集的性质,这里就不详细叙述了. 下面我们列举一些重要的性质. 首先,不难证明:任何区间都是 L–S 可测的. 此外,关于 $\alpha(x)$ 的 L–S 可测集的并、交、余运算是封闭的,且有可数可加性. 这样凡 Borel 集关于 $\alpha(x)$ 也都是 L–S 可测集. 但特别要注意的是 L–S 测度没有平移不变性,也就是说,它在不同的点处的测度是不均匀的. 其次,当 $m_\alpha^*(E) = 0$ 时,必有 $m_\alpha(E) = 0$. 这说明 L–S 测度有完备性 —— 零测集的子集也是可测的.

利用 L–S 测度理论,我们就可以完全平行地建立 L–S 可测函数和 L–S 积分的有关理论,基本上把 L–积分理论平行地移过来,大多数积分的性质也可以推广到 L–S 积分上来. 这里我们就不多述,感兴趣的读者可参考有关教材.

当 $\alpha(x) = x$ 时,L–S 积分就是 L–积分,故 L–S 积分是 L–积分的进一步推广.

习题 6

A 组

1. 若区间 (a,b) 上任何两个单调函数在一稠密集上相等,证明:它们有相同的连续点.

2. 设 $\{f_n\}$ 为 $[a,b]$ 上一列有限的有界变差函数列,$f_n(x) \to f(x)(n \to \infty)$,如果 $\overset{b}{\underset{a}{\bigvee}}(f_n) < K(n = 1, 2, \cdots)$,证明:$f(x)$ 为有界变差函数.

3. 设函数 $f(x)$ 和 $g(x)$ 在区间 $[a,b]$ 上绝对连续,证明:$f(x) \cdot g(x)$ 在 $[a,b]$ 上绝对连续.

4. 讨论函数

$$f(x) = \begin{cases} 0 & x = 0, \\ x^\alpha \sin \dfrac{1}{x^\beta}, & x \in (0,1] \text{ 且 } \alpha, \beta > 0 \end{cases}$$

是否有界变差和绝对连续.

5. 设 $f(x)$ 在 $[a,b]$ 上绝对连续,且 $f'(x) \geqslant 0$ a.e. $x \in [a,b]$,证明:$f(x)$ 为增函数.

6. 设 $f(x)$ 是 $[a,b]$ 上的有限函数,若存在 $M > 0$,使对任何 $\varepsilon > 0$ 都有

$$\overset{b}{\underset{a+\varepsilon}{\bigvee}}(f) \leqslant M,$$

证明: $f(x)$ 是 $[a,b]$ 上的有界变差函数.

7. 设 $f \in BV([a,b])$,且点 $x_0 \in [a,b]$ 是 $f(x)$ 的连续点,试证明: $\overset{x}{\underset{a}{V}}(f)$ 在点 x_0 处连续.

8. 设 $f(x)$ 是 $[a,b]$ 上的非负绝对连续函数,试证明: $f^p(x)(p>1)$ 是 $[a,b]$ 上的绝对连续函数.

9. 设 $f(x)$ 是 $[a,b]$ 上的有限实函数,那么下列两个结论等价:

(1) $f(x)$ 在 $[a,b]$ 上满足 Lipschitz 条件;

(2) $f(x)$ 是 $[a,b]$ 上某个有界可积函数的不定积分.

10. 设 $f(x)$ 在 $[a,b]$ 上递增,且有

$$\int_a^b f'(x)\mathrm{d}x = f(b) - f(a).$$

试证明: $f(x)$ 在 $[a,b]$ 上绝对连续.

11. 设 $f(x)$ 是 $[a,b]$ 上的绝对连续严格递增函数, $g(y)$ 在 $[f(a),f(b)]$ 上绝对连续,试证明: $g[f(x)]$ 在 $[a,b]$ 上绝对连续.

12. 设 $g(x)$ 是 $[a,b]$ 上的绝对连续函数, $f(x)$ 在 $\mathbb{R}$ 上满足 Lipschitz 条件,试证明: $f[g(x)]$ 是 $[a,b]$ 上的绝对连续函数.

13. 设 f,g 在 $[a,b]$ 上有界变差,且 $f(a) = g(a) = 0$,证明:

$$\overset{b}{\underset{a}{V}}(fg) \leqslant \overset{b}{\underset{a}{V}}(f) \overset{b}{\underset{a}{V}}(g).$$

14. 设 f 是 $[a,b]$ 上的实可测函数,令 $E = \{x \in [a,b]: f'(x) = 0\}$, $\forall x \in E$, $f(x)$ 称为 f 的临界值. 证明:临界值集合 $f(E)$ 是零测的.

15. 试证:如果用"确界式"定义 S-积分,则不与原来的积分等价.

16. 试证:如果改变增函数 $\alpha(x)$ 在 $(-\infty, +\infty)$ 上不连续点的函数值(仍成一增函数),不影响由它确定的 L-S 测度.

B 组

17. 证明: $f(x) = x^a (0 < \alpha < 1)$ 在 $[0,1]$ 上是绝对连续函数.

18. 设 $f(x)$ 在 $[0,a]$ 上是有界变差函数,试证明:

$$F(x) = \frac{1}{x}\int_0^x f(t)\mathrm{d}t, \quad F(0) = 0$$

是 $[0,a]$ 上的有界变差函数.

19. 设 $f(x)$ 在 $\mathbb{R}$ 上处处可导,且 $f(x), f'(x)$ 在 $\mathbb{R}$ 上都是可积的,证明:

$$\int_{\mathbb{R}} f'(x)\mathrm{d}x = 0.$$

20. 设 $\{f_n\}$ 是 $[a,b]$ 上一列绝对连续的增函数列,如果级数 $f(x)=\sum\limits_{n=1}^{\infty}f_n(x)$ 在 $[a,b]$ 上处处收敛,证明:$f(x)$ 在 $[a,b]$ 上绝对连续.

21. (Fubini) 设 $f_n(x)(n=1,2,\cdots)$ 是区间 $[a,b]$ 上的单调增加函数,且级数 $\sum\limits_{n\geqslant1}f_n(x)$ 在 $[a,b]$ 上收敛,试证明:

$$\Big(\sum_{n=1}^{\infty}f_n(x)\Big)'=\sum_{n=1}^{\infty}f_n'(x)\ \text{a.e.}\ x\in[a,b].$$

22. 假设 $f(x)$ 是定义在 $[a,b]$ 上的单调增加函数,试证明:$f(x)$ 可分解为

$$f(x)=g(x)+h(x)\quad(x\in[a,b]),$$

其中,$g(x)$ 是单调增加且绝对连续的函数,$h(x)$ 是单调增加函数,且

$$h'(x)=0\ \text{a.e.}\ x\in[a,b].$$

23. 设 $f(x)$ 是 $[a,b]$ 上严格增加的连续函数,$E=\{x\in[a,b]:f'(x)=\infty\}$,试证明:$f(x)$ 在 $[a,b]$ 上绝对连续的充分必要条件是 $m(f(E))=0$.

24. 证明下列结论:

(1) 设 f 是 $\mathbb{R}$ 上的连续可微实函数,E 是零测子集,则 $m(f(E))=0$;

(2) 若 f 只是在 $\mathbb{R}$ 上可导,则上述(1) 的结论仍然成立.

7 附 录

本章将介绍数列的上下极限、选择公理以及 L^p 空间的有关概念和结论,供大家学习时参考查阅.

7.1 数列的上下极限

可测函数和 Lebesgue 积分的 Fatou 引理这些内容都涉及数列上下极限问题,而微积分中又没有详细讨论过这些概念,为了学习方便起见,下面介绍数列上下极限的概念和一些重要性质.

定义 7.1(数列的下极限) 我们分三种情形定义数列 $\{a_n\}$ 的下极限:

(1) 如果 $\forall G > 0, \forall N \geqslant 1, \exists n > N$,使得 $a_n < -G$,此时称 $\{a_n\}$ 的下极限为 $-\infty$,记为 $\varliminf\limits_{n \to \infty} a_n = -\infty$.

(2) 如果 $\forall G > 0, \exists N \geqslant 1$,使得当 $n > N$,有 $a_n > G$,则 $\lim\limits_{n \to \infty} a_n = +\infty$,此时称 $\{a_n\}$ 的下极限也为 $+\infty$,记为 $\varliminf\limits_{n \to \infty} a_n = +\infty$.

(3) 如果 $\{a_n\}$ 是下有界的,且极限不为 $+\infty$,则存在常数 α 使得下列结论成立:

① $\forall \varepsilon > 0, \exists N > 0$,使得当 $n \geqslant N$ 时有 $a_n > \alpha - \varepsilon$;

② $\forall \varepsilon > 0, \forall N > 0, \exists n \geqslant N$,使得 $a_n < \alpha + \varepsilon$,

此时称 α 为数列 $\{a_n\}$ 的**下极限**,记为 $\varliminf\limits_{n \to \infty} a_n = \alpha$.

定义 7.2(数列的上极限) 类似于下极限,我们同样分三种情形定义数列 $\{a_n\}$ 的上极限:

(1) 如果 $\forall G > 0, \forall N \geqslant 1, \exists n > N$,使得 $a_n > G$,此时称 $\{a_n\}$ 的上极限为 $+\infty$,记为 $\varlimsup\limits_{n \to \infty} a_n = +\infty$.

(2) 如果 $\forall G > 0, \exists N \geqslant 1$,使得当 $n > N$,有 $a_n < -G$,则 $\lim\limits_{n \to \infty} a_n = -\infty$,此时称 $\{a_n\}$ 的上极限也为 $-\infty$,记为 $\varlimsup\limits_{n \to \infty} a_n = -\infty$.

(3) 如果 $\{a_n\}$ 是上有界的,且极限不为 $-\infty$,则存在常数 β 使得下列结论成立:

① $\forall \varepsilon > 0, \exists N > 0$,使得当 $n \geqslant N$ 时有 $a_n < \beta + \varepsilon$;

② $\forall \varepsilon > 0, \forall N > 0, \exists n \geqslant N$,使得 $a_n > \beta - \varepsilon$,

此时称 β 为数列 $\{a_n\}$ 的**上极限**,记为 $\overline{\lim} a_n = \beta$.

需要注意的是,上述定义适用于数列的某些项可以取无穷大的广义数列,在实函数列的极限问题中可能出现这种情形.

定理 7.1 $\quad \underline{\lim_{n \to \infty}} a_n = \sup_{n \geqslant 1} \inf_{k \geqslant n} a_k, \quad \overline{\lim_{n \to \infty}} a_n = \inf_{n \geqslant 1} \sup_{k \geqslant n} a_k.$

证明 不妨只证明下极限的情形.

(1) 如果 $\{a_n\}$ 是下无界,此时 $\inf\limits_{k \geqslant n} a_k = -\infty$. 令 $b_n = \inf\limits_{k \geqslant n} a_k$,则 $b_n = -\infty$,从而

$$\lim_{n \to \infty} b_n = -\infty.$$

这样结论显然成立.

(2) 如果 $\{a_n\}$ 的极限为 $+\infty$,任给 $G > 0$,$\exists N > 0$,当 $n \geqslant N$ 时,有 $a_n > G$,于是 $n \geqslant N$ 时有 $b_n = \inf\limits_{k \geqslant n} a_k \geqslant G$,从而 $\lim b_n = +\infty$. 这样结论也成立.

(3) 如果 $\{a_n\}$ 是下有界的,则存在常数 c 使得 $a_n \geqslant c$,$\forall n \geqslant 1$. 又 $\{a_n\}$ 的极限不是正无穷大,则存在常数 d 以及 $\{a_n\}$ 的子列 $\{a_{n_k}\}$ 使得 $a_{n_k} \leqslant d$,$\forall k \geqslant 1$.

令 $\alpha = \sup\limits_{n \geqslant 1} \inf\limits_{k \geqslant n} a_k$,下面证明 $\underline{\lim} a_n = \alpha$. 令 $b_n = \inf\limits_{k \geqslant n} a_k$,则 $c \leqslant b_n \leqslant d$,$\forall n \geqslant 1$,故 $\{b_n\}$ 是有界数列. 注意到数列 $\{b_n\}$ 单调增加,从而 $\{b_n\}$ 有有限极限,且 $\lim\limits_{n \to \infty} b_n = \alpha$. 由极限的定义,$\forall \varepsilon > 0$,$\exists N > 0$,使得当 $n \geqslant N$ 时有 $\alpha - \varepsilon < b_n \leqslant \alpha < \alpha + \varepsilon$,从而当 $n \geqslant N$ 时有 $a_n \geqslant b_n > \alpha - \varepsilon$. $\forall N > 0$,总有 $\inf\limits_{k \geqslant N} a_k \leqslant \alpha$,由下确界定义,$\exists n \geqslant N$,使得 $a_n < \alpha + \varepsilon$. 这样由下极限的定义,结论得证. $\qquad \square$

定理 7.2

(1) 设 $\underline{\lim\limits_{n \to \infty}} a_n = \alpha$,$\overline{\lim\limits_{n \to \infty}} a_n = \beta$,则有 $\alpha \leqslant \beta$.

(2) 设 $\{a_{n_k}\}$ 是 $\{a_n\}$ 的任意一个收敛子列,如果 $\{a_{n_k}\}$ 收敛于 a,则有 $\alpha \leqslant a \leqslant \beta$. 特别是存在子列 $\{a_{n_k}\}$ 和 $\{a_{n_k'}\}$,使得 $a_{n_k} \to \alpha$ 和 $a_{n_k'} \to \beta$.

(3) 设 $a \in \mathbb{R}$,则 $\{a_n\}$ 收敛于 a 的充要条件是 $\alpha = \beta = a$.

证明 (1) 令 $b_n = \inf\limits_{k \geqslant n} a_k$,$c_n = \sup\limits_{k \geqslant n} a_k$. 注意到数列 $\{b_n\}$ 单调增加,数列 $\{c_n\}$ 单调减少,且 $b_n \leqslant c_n$,由定理 7.1 直接可证.

(2) 注意到 $b_{n_k} \leqslant a_{n_k}$,有 $\alpha = \lim\limits_{k \to \infty} b_{n_k} \leqslant \lim\limits_{k \to \infty} a_{n_k} = a$,这样 $\alpha \leqslant a$. 同理,$a \leqslant \beta$. 下面我们证明存在子列 $\{a_{n_k}\}$,使得 $a_{n_k} \to \alpha$. 上极限的情形类似.

由定义 7.1,在 (1) 和 (2) 两种情形下,显然存在子列使得 $a_{n_k} \to \alpha$. 在第 (3) 种情形下,由定理 7.1,$b_n = \inf\limits_{k \geqslant n} a_k \to \alpha$. 由下确界定义,存在 $n_1 \geqslant 1$ 使得 $b_1 \leqslant a_{n_1} \leqslant b_1 + 2^{-1}$. 同样,考虑 $b_{n_1+1} = \inf\limits_{k \geqslant n_1+1} a_k$,存在 $n_2 > n_1$ 使得 $b_{n_1+1} \leqslant a_{n_2} \leqslant b_{n_1+1} + 2^{-2}$. 依此类推,得一列 $\{a_{n_k}\}$,使得 $b_{n_{k-1}+1} \leqslant a_{n_k} \leqslant b_{n_{k-1}+1} + 2^{-k}$,且 $n_1 < \cdots < n_{k-1} < n_k < \cdots$. 因为 $b_{n_{k-1}+1} \to \alpha (k \to \infty)$,所以 $a_{n_k} \to \alpha$.

(3) 由结论 (2) 容易得到. $\qquad \square$

定理 7.3

(1) 令 $A = \{a \in \mathbb{R}:$ 存在子列 $a_{n_k} \to a\}$，称为数列 $\{a_n\}$ 的极限点集，则 A 是 $\mathbb{R}$ 中的闭集.

(2) 令 $\widetilde{A} = \{a \in [-\infty, +\infty]:$ 存在子列 $a_{n_k} \to a\}$，称为数列 $\{a_n\}$ 的广义极限点集，则

$$\varliminf_{n \to \infty} a_n = \inf\{a: a \in \widetilde{A}\}, \quad \varlimsup_{n \to \infty} a_n = \sup\{a: a \in \widetilde{A}\}.$$

证明 (1) 设 c 是 A 的聚点，则存在互异点列 $b_j \in A$，使得 $b_j \to c, j \to \infty$. 又存在 a_n 的子列 $a_{n_k}^{(j)} \to b_j, k \to \infty$. 对 $j = 1, a_{n_k}^{(1)}$ 中存在一项 a_{n_1} 使得 $|a_{n_1} - b_1| \leqslant 2^{-1}$；对 $j = 2, a_{n_k}^{(2)}$ 中存在一项 a_{n_2} 使得 $|a_{n_2} - b_2| \leqslant 2^{-2}$，且 $n_2 > n_1$. 以此类推，得到 $\{a_n\}$ 的一子列 $\{a_{n_j}\}$，使得 $|a_{n_j} - b_j| \leqslant 2^{-j}$，这样 $\{a_{n_j}\} \to c(j \to \infty)$，从而 $c \in A$.

(2) 由定理 7.2 可得 $\alpha, \beta \in \widetilde{A}$，且 α, β 分别是 $\widetilde{A}$ 中最小的和最大的元素，从而结论成立. □

定理 7.4 $\quad \varliminf_{n \to \infty}(-a_n) = -\varlimsup_{n \to \infty} a_n, \quad \varlimsup_{n \to \infty}(-a_n) = -\varliminf_{n \to \infty} a_n.$

证明 由定理 7.3 的结论(2) 直接可得. □

定理 7.5 设数列 $\{a_n\}$ 和 $\{b_n\}$，如果 $a_n \leqslant b_n, \forall n \geqslant 1$，则

$$\varliminf_{n \to \infty} a_n \leqslant \varliminf_{n \to \infty} b_n, \quad \varlimsup_{n \to \infty} a_n \leqslant \varlimsup_{n \to \infty} b_n.$$

证明 由定理 7.1 直接可得. □

7.2 策梅洛(Zermelo) 选择公理简介

在数学理论的证明中，我们经常需要在许多集合中选取元素(例如在构造不可测集时就有这个问题). 对于有限个集合，或至多可数个集合，可以通过归纳法去实现. 如果这些集合有不可数个，那么这种做法的合理性就涉及选择公理，在此我们对其给予简单的说明.

Zermelo 选择公理：如果 $\Gamma = \{A_\lambda\}$ 是由一些互不相交的非空集合所构成的集合族，则存在集合 X，它由上述每一个集合中恰取一个元素所构成. 严格地说，就是存在一个 $\bigcup A_\lambda$ 的子集 X 使得对任意 λ，交集 $X \bigcap A_\lambda$ 有且仅有一个元素.

选择公理可以这样直观进行理解：对于许多两两不相交的集合，无论这些集合有多少个(它们可以是有限多个，也可以是可数多个，甚至是不可数多个)，在这些集合中，我们总可以从每一个集合里取出一个元素. 如前面所述，若这些集合至多可数多个，通常的归纳法保证我们可以做到这一点. Zermelo 选择公理主要针对不可数情形，所以我们可以在形式上把 Zermelo 选择公理理解为"不可数情形的归纳法".

与"不可数的归纳法"形式上更接近的是与选择公理等价的一个命题，称为

Zorn 引理. 它与 Zermelo 选择公理一样,都是数学逻辑推理的重要理论工具,在许多数学理论证明中有重要应用. 由于 Zorn 引理涉及与"序"有关的许多概念,为简单起见,这里就不过多介绍,感兴趣的读者可参考有关文献. 对于初学者来说,不要求从理论上完全搞清楚 Zermelo 选择公理和 Zorn 引理的来源,只要能直观上理解,学会应用就可以了.

7.3 L^p 空间

这一节里我们将介绍由 Lebesgue 积分定义的一类函数,简称为 L^p 可积函数空间. 这是非常重要的函数空间,与 Lebesgue 积分理论密切相关. 通过对这类函数性质的了解,可以进一步看出 Riemann 积分理论与 Lebesgue 积分理论的一些本质区别,从而也进一步说明了发展 Lebesgue 积分理论的重要性. 此外,L^p 可积函数空间涉及微分方程、积分方程、Fourier 分析等许多重要数学领域,是深入学习其它数学的基础. 这里我们主要介绍 L^p 空间的定义以及基本性质,特别是 Hölder 不等式、Minkowski 不等式和空间的完备性. 这些内容作为 Lebesgue 积分理论的重要应用,对读者进一步掌握和理解好实变函数理论有很大帮助.

1) L^p 空间的定义

定义 7.3 设 $\Omega \subset \mathbb{R}^n$ 是可测子集,$f(x)$ 为 Ω 上的可测函数.

(1) 设 $1 \leqslant p < \infty$. 记

$$\|f\|_p = \left(\int_\Omega |f(x)|^p \mathrm{d}x \right)^{1/p}, \quad 1 \leqslant p < \infty,$$

我们用 $L^p(\Omega)$ 表示由满足 $\|f\|_p < \infty$ 的全体 f 构成的集合,称其为 $L^p(\Omega)$ 空间. 在定义域明确的情形下,也可简单记为 L^p.

(2) 设 $p = \infty$. 若存在 M,使得

$$|f(x)| \leqslant M \text{ a.e. } \mp \Omega,$$

称 $f(x)$ 几乎处处意义下在 Ω 上有界,M 称为几乎处处意义下的一个上界. 对所有几乎处处意义下的上界 M 取下确界,记为 $\|f\|_\infty$,即

$$\|f\|_\infty = \inf\{M : |f(x)| \leqslant M \text{ a.e. } \mp \Omega\},$$

并称它为 $f(x)$ 在 Ω 上的本性上界,此时称 $f(x)$ 在 Ω 上是本性有界的. 用 $L^\infty(\Omega)$ 表示在 Ω 上本性有界的函数全体.

注 7.1 $\|f\|_\infty = \inf_{m(E)=0} \sup_{x \in \Omega \setminus E} |f(x)|.$

在 Lebesgue 测度和积分的意义下,我们将几乎处处相等的函数作为相同的函数. 在此意义下,如果 $\|f\|_p = 0$,则 $f = 0$ a.e. 于 Ω. 因此,上述函数空间 L^p 中,我们将一个函数和与它几乎处处相等的函数类不加区别地看作是同一个函数.

2) L^p 空间的重要不等式

定理 7.6 若 $f, g \in L^p(\Omega), \alpha, \beta$ 是实数,则 $\alpha f + \beta g \in L^p(\Omega)$.

证明 (1) 当 $p = 1$ 时结论显然成立.下面考虑 $1 < p < \infty$ 情形.注意到函数 $x^p(x > 0)$ 是个凸函数,于是对任意 $a \geqslant 0, b \geqslant 0$,有 $\left(\dfrac{a+b}{2}\right)^p \leqslant \dfrac{a^p + b^p}{2}$.这样我们有

$$|\alpha f(x) + \beta g(x)|^p \leqslant 2^{p-1}(|\alpha|^p |f(x)|^p + |\beta|^p |g(x)|^p),$$

结论成立.

(2) 当 $p = \infty$ 时,由定义,存在零测集 Ω_1, Ω_2 和常数 M_1, M_2 使得

$$|f(x)| \leqslant M_1, \ x \in \Omega \backslash \Omega_1; \quad |g(x)| \leqslant M_2, \ x \in \Omega \backslash \Omega_2.$$

令 $\Omega_0 = \Omega_1 \bigcup \Omega_2$,则 Ω_0 是零测集,且

$$|\alpha f(x) + \beta g(x)| \leqslant |\alpha| M_1 + |\beta| M_2, \quad x \in \Omega \backslash \Omega_0,$$

从而可知 $\|\alpha f + \beta g\|_\infty \leqslant |\alpha| M_1 + |\beta| M_2$. $\square$

上述结论说明 $L^p(\Omega)$ 关于函数的线性运算(函数的加减法和数乘运算)是封闭的,从而构成一个线性空间.下面我们证明集合 $L^p(\Omega)$ 还可以有类似的向量长度的概念,从而有距离的概念.为了证明这个问题,首先介绍两个著名不等式.

定义 7.4(共轭指数) 若 $p, q > 1$,且 $1/p + 1/q = 1$,则称 p 与 q 互为共轭指数.注意到 $q = p/(p-1)$,可知 $p = 2$ 时 $q = 2$.若 $p = 1$,规定共轭指数 $q = \infty$;若 $p = \infty$,规定共轭指数 $q = 1$.

引理 7.7(Young 不等式) 设 $1 < p < \infty, q$ 为 p 的共轭指数,则

$$ab \leqslant \frac{1}{p}a^p + \frac{1}{q}b^q, \quad \forall a \geqslant 0, b \geqslant 0.$$

证明 首先,如果 $p = 2$,这是易知的结论.又当 $1 < p < 2$ 时,$q > 2$;而当 $p > 2$ 时,$1 < q < 2$.所以只要考虑 $p > 2$ 的情形.此时注意到函数

$$y = x^{p-1} \quad p > 2, x \geqslant 0$$

是个凸函数,且反函数 $x = y^{q-1}$.如图示 7.1,由 Riemann 积分的几何意义易知

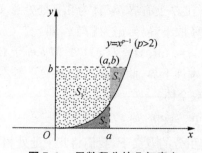

图 7.1 函数积分的几何意义

$$ab = S_1 + S_2$$
$$\leqslant S_2 + (S_1 + S_3)$$
$$= \int_0^a x^{p-1}\mathrm{d}x + \int_0^b y^{q-1}\mathrm{d}y = \frac{1}{p}a^p + \frac{1}{q}b^q. \qquad \square$$

定理 7.8(Hölder 不等式) 设 $1 \leqslant p \leqslant \infty$，$q$ 为 p 的共轭指数，若 $f \in L^p(\Omega)$，$g \in L^q(\Omega)$，则有

$$\|fg\|_1 \leqslant \|f\|_p \|g\|_q. \qquad (7.1)$$

证明 设 $p = 1, q = \infty$. 由 $g \in L^\infty$ 的定义，对任意 $M > \|g\|_\infty$，我们有

$$g(x) \leqslant M \text{ a.e. } \mp \Omega,$$

这样

$$\int_\Omega |f(x)g(x)|\,\mathrm{d}x \leqslant M\int_\Omega |f(x)|\,\mathrm{d}x,$$

再对 M 取下确界，有

$$\int_\Omega |f(x)g(x)|\,\mathrm{d}x \leqslant \|g\|_\infty \int_\Omega |f(x)|\,\mathrm{d}x,$$

于是式(7.1) 显然成立.

$p = \infty, q = 1$ 的情形类似考虑，下面设 $1 < p < \infty$.

当 $\|f\|_p = 0$ 或者 $\|g\|_q = 0$ 时，则 f 和 g 中至少有一个几乎处处为零，于是我们有 $f(x)g(x) = 0$ a.e. ，式(7.1) 也显然成立. 如果 $\|f\|_p$ 或 $\|g\|_q = \infty$，式(7.1) 也显然成立.

所以设 $0 < \|f\|_p < \infty, 0 < \|g\|_q < \infty$. 令

$$a = \frac{|f(x)|}{\|f\|_p}, \quad b = \frac{|g(x)|}{\|g\|_q},$$

由上述 Young 不等式可知

$$\frac{|f(x)g(x)|}{\|f\|_p \|g\|_q} \leqslant \frac{1}{p}\frac{|f(x)|^p}{\|f\|_p^p} + \frac{1}{q}\frac{|g(x)|^q}{\|g\|_q^q},$$

在上式两边作积分，即得 $\|fg\|_1 \leqslant \|f\|_p \|g\|_q$. $\qquad \square$

Hölder 不等式的一个重要特例就是 Schwartz 不等式，即 $p = q = 2$ 的情况：

$$\int_\Omega |f(x)g(x)|\,\mathrm{d}x \leqslant \left(\int_\Omega |f(x)|^2\,\mathrm{d}x\right)^{\frac{1}{2}} \left(\int_\Omega |g(x)|^2\,\mathrm{d}x\right)^{\frac{1}{2}}.$$

例 7.1(插值不等式) 若 $f \in L^r(\Omega) \bigcap L^s(\Omega)$，且令

$$0 < \lambda < 1, \quad \frac{1}{p} = \frac{\lambda}{r} + \frac{1-\lambda}{s},$$

则

$$\|f\|_p \leqslant \|f\|_r^\lambda \|f\|_s^{1-\lambda}.$$

事实上，当 $r < s < \infty$ 时，我们有

$$\int_{\Omega} |f(x)|^{p} dx = \int_{\Omega} |f(x)|^{\lambda p} |f(x)|^{(1-\lambda)p} dx$$

$$\leqslant \left(\int_{\Omega} |f(x)|^{r} dx\right)^{\lambda p/r} \left(\int_{\Omega} |f(x)|^{s} dx\right)^{(1-\lambda)p/s}.$$

下面我们考虑另一个重要不等式——Minkowski 不等式,为此我们先证明关于 L^{∞} 空间的两个引理.

引理 7.9 设 $f \in L^{\infty}(\Omega)$,则存在零测子集 $\Omega_0 \subset \Omega$,使得

$$\|f\|_{\infty} = \sup_{x \in \Omega \backslash \Omega_0} |f(x)|.$$

证明 由 $\|f\|_{\infty}$ 的定义,存在 M_n 以及零测子集 $\Omega_n \subset \Omega$ 使得

$$\|f\|_{\infty} \leqslant M_n < \|f\|_{\infty} + \frac{1}{n}, \quad |f(x)| \leqslant M_n, x \in \Omega \backslash \Omega_n.$$

令 $\Omega_0 = \bigcup_{n \geqslant 1} \Omega_n$,则 Ω_0 是零测子集. 显然

$$|f(x)| \leqslant M_n, \quad x \in \Omega \backslash \Omega_0, \forall n \geqslant 1,$$

于是

$$|f(x)| \leqslant \|f\|_{\infty}, \quad x \in \Omega \backslash \Omega_0,$$

再由 $\|f\|_{\infty}$ 的定义可得 $\sup_{x \in \Omega \backslash \Omega_0} |f(x)| = \|f\|_{\infty}$. □

引理 7.10 设 $\Omega_0 \subset \Omega$ 是零测子集,使得

$$\|f\|_{\infty} = \sup_{x \in \Omega \backslash \Omega_0} |f(x)|,$$

则对任意零测子集 $\Omega_* \supset \Omega_0$,总有

$$\|f\|_{\infty} = \sup_{x \in \Omega \backslash \Omega_*} |f(x)|.$$

证明 由定义直接得证. □

定理 7.11(Minkowski 不等式) 设 $1 \leqslant p \leqslant \infty$,若 $f, g \in L^p(\Omega)$,则

$$\|f+g\|_p \leqslant \|f\|_p + \|g\|_p. \tag{7.2}$$

证明 我们分三种情形证明.

(1) 当 $p = 1$ 时,式(7.2) 显然成立.

(2) 当 $1 < p < \infty$ 时,有

$$\int_{\Omega} |f(x)+g(x)|^p dx = \int_{\Omega} |f(x)+g(x)|^{p-1} \cdot |f(x)+g(x)| dx$$

$$\leqslant \int_{\Omega} |f(x)+g(x)|^{p-1} \cdot |f(x)| dx$$

$$+ \int_{\Omega} |f(x)+g(x)|^{p-1} \cdot |g(x)| dx.$$

对 $|f(x)+g(x)|^{p-1}$ 与 $|f(x)|$ 利用 Hölder 不等式,其共轭指数为 $q = p/(p-1)$ 与 p,可得

$$\int_{\Omega} |f(x)+g(x)|^{p-1} \cdot |f(x)| \,\mathrm{d}x \leqslant \|f+g\|_p^{p-1} \cdot \|f\|_p.$$

同理,对于第二个积分也可以得到

$$\int_{\Omega} |f(x)+g(x)|^{p-1} \cdot |g(x)| \,\mathrm{d}x \leqslant \|f+g\|_p^{p-1} \cdot \|g\|_p.$$

这样

$$\|f+g\|_p^p \leqslant \|f+g\|_p^{p-1} \cdot (\|f\|_p + \|g\|_p).$$

不妨设 $\|f+g\|_p \neq 0$,于是得

$$\|f+g\|_p \leqslant \|f\|_p + \|g\|_p.$$

(3) 当 $p = \infty$ 时,由引理 7.9,则存在零测子集 $\Omega_f \subset \Omega, \Omega_g \subset \Omega$ 使得

$$\|f\|_\infty = \sup_{x \in \Omega \backslash \Omega_f} |f(x)|, \quad \|g\|_\infty = \sup_{x \in \Omega \backslash \Omega_g} |g(x)|.$$

令 $\Omega_* = \Omega_f \bigcup \Omega_g$,则 Ω_* 是零测子集,且当 $x \in \Omega \backslash \Omega_*$,有

$$|f(x)+g(x)| \leqslant |f(x)| + |g(x)| \leqslant \|f\|_\infty + \|g\|_\infty,$$

从而由本性上界的定义可知

$$\|f+g\|_\infty \leqslant \|f\|_\infty + \|g\|_\infty. \qquad \square$$

注 7.2 如果将 $L^p(\Omega)$ 中的函数 f 看成一个向量,则 $\|f\|_p$ 就是向量 f 的长度,它满足欧氏空间 $\mathbb{R}^n$ 中向量长度的类似三个重要性质:

(1)(正定性) $\|f\|_p \geqslant 0$, $\|f\|_p = 0 \Leftrightarrow f = 0$;

(2)(齐次性) $\|\alpha f\|_p = |\alpha| \|f\|_p$;

(3)(三角不等式) $\|f+g\|_p \leqslant \|f\|_p + \|g\|_p$.

3) $L^p(\Omega)$ 空间的完备性

定义 7.5($L^p(\Omega)$ 中的距离) 对于 $f, g \in L^p(\Omega)$,定义

$$d(f,g) = \|f-g\|_p, \quad 1 \leqslant p \leqslant \infty,$$

则 $(L^p(\Omega), d)$ 是一个距离空间.

$d(f,g)$ 是一个距离,只需验证其满足距离的三个条件. 首先显然有 $d(f,g) \geqslant 0$,又 $\|f-g\|_p = 0$ 当且仅当 $f(x) = g(x)$ a.e. ,故 $d(f,g) = 0$ 当且仅当在几乎处处的意义下成立 $f = g$,即 f 与 g 是 $L^p(\Omega)$ 中的同一个元素;$d(f,g) = d(g,f)$ 显然成立,即满足对称性;再由 Minkowski 不等式,有

$$\begin{aligned} d(f,g) = \|f-g\|_p &= \|f-h+h-g\|_p \\ &\leqslant \|f-h\|_p + \|g-h\|_p = d(f,h) + d(h,g), \end{aligned}$$

即满足三角公式. 从而也就说明了 $(L^p(\Omega), d)$ 是一个距离空间.

定义 7.6 设 $f_k \in L^p(\Omega)(k=1,2,\cdots)$,若存在 $f \in L^p(\Omega)$,使得

$$\lim_{k \to \infty} d(f_k, f) = \lim_{k \to \infty} \|f_k - f\|_p = 0,$$

则称$\{f_k\}$在L^p空间中收敛于f,简记为$f_k \to f$,并称f为$\{f_k\}$的极限.

关于L^p空间中的收敛,有以下简单事实:

(1)(唯一性) 若$f_k \to f$,且$f_k \to g$,则$f = g$ a.e.;

(2) 若$f_k \to f$,则$\|f_k\|_p \to \|f\|_p$.

定义 7.7 设$\{f_k\} \subset L^p(\Omega)$,若
$$\lim_{k,j\to\infty} \|f_k - f_j\|_p = 0,$$
则称$\{f_k\}$是$L^p(\Omega)$中的基本列或 Cauchy 列.

由不等式
$$\|f_k - f_j\|_p \leqslant \|f_k - f\|_p + \|f_j - f\|_p,$$
易知收敛列一定为基本列.下述定理则表明$L^p(\Omega)$中的基本列一定为收敛列,这一事实称为$L^p(\Omega)$空间的完备性.

定理 7.12 $L^p(\Omega)$中的基本列必为收敛列,从而$L^p(\Omega)$是完备的距离空间.

证明 设$1 \leqslant p < \infty$.若$\{f_k\} \subset L^p(\Omega)$为基本列,则
$$\lim_{k,j\to\infty} \|f_j - f_k\|_p = 0.$$
任给$\sigma > 0$,令$\Omega_{j,k}(\sigma) = \{x \in \Omega: |f_j(x) - f_k(x)| \geqslant \sigma\}$,则
$$\sigma|\Omega_{j,k}(\sigma)|^{1/p} \leqslant \left[\int_{\Omega_{j,k}(\sigma)} |f_j(x) - f_k(x)|^p dx\right]^{1/p}$$
$$\leqslant \left[\int_{\Omega} |f_j(x) - f_k(x)|^p dx\right]^{1/p}$$
$$= \|f_j - f_k\|_p,$$
这里$|\Omega_{j,k}(\sigma)|$指集合$\Omega_{j,k}(\sigma)$的 Lebesgue 测度.这说明
$$\lim_{j,k\to\infty} |\Omega_{j,k}(\sigma)| = 0,$$
即$\{f_k(x)\}$在Ω上是依测度收敛的基本列.根据定理 4.17,存在Ω上的几乎处处有限的可测函数$f(x)$,使得$\{f_k(x)\}$在Ω上依测度收敛于$f(x)$.再由定理 4.19,可选出$\{f_k(x)\}$的子列$f_{k_i}(x)$,使得
$$\lim_{i\to\infty} f_{k_i}(x) = f(x) \text{ a.e.},$$
则由 Fatou 引理,可得
$$\int_{\Omega} |f_k(x) - f(x)|^p dx = \int_{\Omega} \lim_{i\to\infty} |f_k(x) - f_{k_i}(x)|^p dx$$
$$\leqslant \varliminf_{i\to\infty}\int_{\Omega} |f_k(x) - f_{k_i}(x)|^p dx.$$

由基本列定义,$\forall \varepsilon > 0, \exists N > 0$,使得当$k,j > N$时,有$\|f_k - f_j\|_p < \varepsilon$.这样,当$k > N$时,对任意$k_i > N$,$\int_{\Omega} |f_k(x) - f_{k_i}(x)|^p dx < \varepsilon^p$,从而
$$\varliminf_{i\to\infty}\int_{\Omega} |f_k(x) - f_{k_i}(x)|^p dx \leqslant \varepsilon^p.$$

再由上述不等式得到 $\displaystyle\int_{\Omega}|f_k(x)-f(x)|^p\mathrm{d}x\leqslant\varepsilon^p$,即当 $k>N$ 时有 $\|f_k-f\|_p\leqslant\varepsilon$.

这说明 $f\in L^p$,且 $f_k\rightarrow f$.

下面我们考虑 $p=\infty$ 的情形. 设 $\{f_k\}\subset L^\infty(\Omega)$ 是基本列,则

$$\lim_{k,j\rightarrow\infty}\|f_k-f_j\|_\infty=0.$$

由引理 7.9,对于任一正整数 k 与 j,有零测子集 $\Omega_{kj}\subset\Omega$ 使得

$$\|f_k-f_j\|_\infty=\sup_{x\in\Omega\backslash\Omega_{kj}}|f_k(x)-f_j(x)|.$$

令 $\Omega_*=\bigcup\limits_{k,j}\Omega_{kj}$,则 Ω_* 也是零测集. 再由引理 7.10,有

$$\sup_{x\in\Omega\backslash\Omega_*}|f_k(x)-f_j(x)|=\|f_k-f_j\|_\infty\rightarrow 0,$$

这样函数列 $\{f_k(x)\}$ 在 $\Omega\backslash\Omega_*$ 上是一致收敛的基本列,从而一致收敛于一个函数 $f(x)$. 显然 $f(x)$ 可测.

由基本列定义,$\forall\varepsilon>0,\exists N>0$,使得当 $k,j>N$ 时,有 $\|f_k-f_j\|_\infty<\varepsilon$. 这样,当 $k>N,j>N$ 时,有

$$\sup_{x\in\Omega\backslash\Omega_*}|f_k(x)-f_j(x)|<\varepsilon.$$

令 $j\rightarrow\infty$,$\forall x\in\Omega\backslash\Omega_*$,有 $|f_k(x)-f(x)|\leqslant\varepsilon$. 这说明 $f\in L^\infty(\Omega)$,且当 $k>N$ 时,由定义得到 $\|f_k-f\|_\infty\leqslant\varepsilon$,于是在 $L^\infty(\Omega)$ 中 $f_k\rightarrow f$. □

注 7.3 在 L^p 的定义中,如果其中的 Lebesgue 积分变为 Riemann 积分,则定理 7.12 就不成立了. 也就是说,在 Riemann 积分意义下 L^p 空间是不完备的. 因此,Lebesgue 积分的重要性在于,在 Lebesgue 积分意义下 L^p 空间具有完备性.